一氧化氮荧光分析

Fluorescence Analysis of Nitric Oxide

黄克靖　编著

U0317107

北　京

冶 金 工 业 出 版 社

2013

内 容 简 介

本书详细介绍了 NO 的产生、性质及主要分析方法，较全面地叙述了 NO 荧光探针，重点介绍了基于荧光探针的 NO 荧光测定方法、NO 荧光成像分析方法、NO 代谢物的荧光分析方法等三个方面的内容。

本书可供广大从事生命科学、医学、生物学、化学等领域的科学研究人员阅读参考。

图书在版编目(CIP)数据

一氧化氮荧光分析/黄克靖编著 . —北京：冶金工业
出版社，2013.4（2013.11 重印）
ISBN 978-7-5024-6239-0

Ⅰ.①一… Ⅱ.①黄… Ⅲ.①氧化氮—荧光分析
Ⅳ.①O613.61

中国版本图书馆 CIP 数据核字（2013）第 068070 号

出 版 人　谭学余
地　　址　北京北河沿大街嵩祝院北巷 39 号，邮编 100009
电　　话　（010）64027926　电子信箱　yjcbs@cnmip.com.cn
责任编辑　张熙莹　美术编辑　彭子赫　版式设计　孙跃红
责任校对　禹 蕊　责任印制　李玉山
ISBN 978-7-5024-6239-0
冶金工业出版社出版发行；各地新华书店经销；北京慧美印刷有限公司印刷
2013 年 4 月第 1 版，2013 年 11 月第 2 次印刷
169mm×239mm；10.5 印张；205 千字；160 页
29.00 元
冶金工业出版社投稿电话：(010)64027932　投稿信箱：tougao@cnmip.com.cn
冶金工业出版社发行部　电话：(010)64044283　传真：(010)64027893
冶金书店　地址：北京东四西大街 46 号(100010)　电话：(010)65289081(兼传真)
（本书如有印装质量问题，本社发行部负责退换）

前　言

一氧化氮（NO）作为一种重要的生物信使分子，在生命过程中发挥着重要的生理作用。它在人体内广泛参与神经传递、血管舒张、炎症的发生以及免疫等过程，在记忆的形成以及基因的表达中发挥着重要的作用，很大程度上影响着生理机能的正常进行。在植物中，NO作为一个"新奇"因素影响着植物的生长、发育和防御，对植物的呼吸作用、光形态发生、种子萌发、根和叶片的生长发育衰老等生理过程都有作用。1992年，NO被世界最具权威性的《Science》杂志遴选为当年的"明星分子"。1998年，弗奇戈特、穆拉德和伊格拉曼等三位科学家因在NO研究方面获得的突出成果而获得了诺贝尔生理学或医学奖。NO的研究受到了人们的广泛关注。

荧光分析法具有灵敏度高和选择性好的优点。NO本身不具有荧光信号，荧光分析法主要是通过引入荧光衍生试剂与NO反应，生成与荧光探针自身光学性质不同的化合物，通过荧光探针荧光性质的变化来定性和定量测定NO。荧光光谱法是细胞及组织内NO成像中常用的一种方法。近年来，基于分子荧光探针的NO的荧光分析法得到了深入和广泛的发展。

本书主要介绍了基于分子荧光探针的NO的分析方法，主要内容包括：NO的产生、性质及主要分析方法综述；NO分子荧光探针；NO荧光检测方法，主要包括高效液相色谱法、荧光分光光度法和毛细管电泳法；NO荧光成像分析方法；NO代谢物的荧光分析方法，包括亚硝酸盐和S-亚硝基硫醇。

　　本书是作者在对国内外大量文献的分析、学习基础上结合自己的科研工作编写而成的，是作者不断学习和总结的成果，希望对有关科研人员提供一定的帮助。

　　本书的撰写及出版得到了信阳师范学院化学化工学院多位领导和同事的帮助，并且得到了信阳师范学院及河南省科技创新杰出青年基金项目（104100510020）的资助。在此谨表示衷心的感谢。

　　由于作者水平所限，不足之处敬请广大读者批评指正。

黄克靖

2013 年 1 月

目 录

1　绪　　论

1.1　一氧化氮的发现及应用

一氧化氮（NO）是一种古老的无机小分子。1935 年，戴维（Hamphrey Davy）研究"笑气"时就发现了它的存在。NO 曾被广泛地应用于制造硝酸、化肥、炸药等。同时，NO 也是土壤中氮的重要来源，科学家们已经证实：当闪电发生时，空气中的 N_2 和 O_2 能反应生成 NO，进而转化为硝酸，随雨水降至地面为植物所利用，这是自然界固氮的一种方法。但是，长期以来，NO 一直被认为是吸烟、汽车尾气及工厂生产过程中释放的一种有害的气体，不仅对大气造成污染，还会危害人类的身体健康。然而，1998 年的诺贝尔生理医学奖表明，NO 不仅对人体无害，而且还具有重要的生理功能。

早在 20 世纪 70 年代，美国的药理学家穆拉德（Murad）教授及其合作者在分析硝酸甘油及其他具有扩张血管作用的有机硝基化合物的药理作用时，发现它们都释放可以舒张平滑肌细胞的 NO，而硝酸甘油等有机硝酸酯必须代谢为 NO 后才能发挥扩张血管的药理作用。他们当时推断内源性因子（如激素）可能也是通过 NO 而发挥作用的，NO 或许是一种对血管舒张具有调节作用的信使分子，但当时这个推测还缺少实验依据。其实之前人们就已发现哺乳动物硝酸盐及亚硝酸盐的排出量超过摄入量的事实，但直到 1980 年初才由格林（Green）等证实哺乳动物本身能合成这类化合物，并与巨噬细胞有关。也是在这一年美国药理学家弗奇戈特（Furchgott）及合作者在进行药物对血管作用的研究中发现：乙酰胆碱对血管的作用与血管内皮细胞是否完整有关，乙酰胆碱仅能引起内皮细胞完整的血管扩张。他推测：内皮细胞在乙酰胆碱作用下产生一种新的信使分子，这种信使分了作用于平滑肌细胞，使血管平滑肌细胞舒张，从而使血管舒张，他将这种信使分子称为内皮细胞松弛因子（endothelium-derived relaxing factor, EDRF）。这一发现引起了人们对该因子进行鉴定的兴趣。1986 年，伊格纳罗（Ignarro）教授和弗奇戈特教授合作研究发现，许多血管扩张剂如 Ach、缓激肽、ATP 等的血管扩张作用是由于血管内皮细胞受到刺激而释放的血管舒张因子介导的，可引起血管平滑肌松弛，致使血管扩张，并得出 EDRF 实际就是 NO 的结论，而硝基类血管扩张剂（如硝普钠、硝酸甘油等）最终都是通过 NO 介导而发挥扩张血管作用的。他们的观点引发了世界上许多实验室进行相关研究的热潮。这是人类首次发现一种气体在机体中具有信号分子的作用。1987 年，帕默和伊格拉曼又通过实验证实了这一结论。1991 年，NO 合酶（NOS）克隆成功。1992 年，NO 被世界最具权威性的《Science》杂志遴选为当年的"明星分子"，声名鹊起，此后关于 NO 的研究论文竞相发表。1998 年，弗奇戈特、穆拉德和伊格拉曼因在 NO 研究方面获得的突出成果而获得了诺贝尔生理学或医学奖。这 3 位科学家第一次发现了气体的信号传递作用，它代表了生物学系统中信号传递的一种新规律。从此，NO 的研究从分子水平进入了一个全新的研究高度并受到了广泛关注。

1.2 一氧化氮的产生和代谢

在一般的条件下，其他元素不能直接合成 NO。氮和氧在 120℃ 时反应生成 NO，而且该反应是可逆的：

$$N_2 + O_2 \rightleftharpoons 2NO$$

比较简便的方法是在 500℃ 左右以铂作为催化剂使氨氧化产生 NO：

$$4NH_3 + 5O_2 \xrightarrow[\text{高温}]{\text{催化剂}} 4NO + 6H_2O$$

NO 的实验室制备方法通常采用低浓度的硝酸与铜反应：

$$8HNO_3 + 3Cu \rightleftharpoons 3Cu(NO_3)_2 + 2NO + 4H_2O$$

因为 NO 非常容易与氧气反应生成二氧化氮，所以收集 NO 时必须把氧气排走。一般是利用气体发生器产生 NO，利用氮气将水溶液中的氧气排走，收集 NO 气体。还可将产生的 NO 气体溶解在无氧水中，再配成不同浓度的 NO 气体溶液，用于各类实验。也可以通过下列反应制备 NO：

$$N_2O_3 \rightleftharpoons NO + NO_2$$

$$3HNO_2 \rightleftharpoons HNO_3 + 2NO + H_2O$$

$$2NO_2 \rightleftharpoons 2NO + O_2$$

在生物体内，NO 的生物合成过程相当复杂，目前有一氧化氮合酶参与的合成和非酶合成两种途径。前者是 L-精氨酸和分子氧在一氧化氮合酶催化下，由辅助因子还原型辅酶（NADPH）提供电子，黄素核苷酸（FMN）、黄素腺嘌呤二核苷酸（FAD）、四氢生物蝶呤（BH$_4$）和铁离子传递电子，生成 NO 和瓜氨酸。其中，一氧化氮合酶起着关键性的作用。一氧化氮合酶主要有 4 种：内皮细胞型一氧化氮合酶（endothelial nitric oxide synthase, eNOS）、神经型一氧化氮合酶（neuronal nitric oxide synthase, nNOS）、可诱导型一氧化氮合酶（inducible nitric oxide synthase, iNOS）和线粒体一氧化氮合酶（mitochondrial nitric oxides synthase, mtNOS）。根据不同的调控方式，可以将一氧化氮合酶分为组成型一氧化氮合酶（constitutive nitric oxide synthase, cNOS, 包括 nNOS、eNOS、mtNOS）和诱导型一氧化氮合酶（inducible nitric oxide synthase，iNOS）。非酶合成是通过非酶途径产生 NO，如硝基血管扩张剂硝酸甘油、硝普钠与体内半胱氨酸及谷胱甘肽结合反应，产生一种不稳定的 S-亚硝基硫醇，自行分解释放 NO。NO 的半衰期很短，一般只有几秒钟，它很快被氧化成亚硝酸盐而失去活性。

1.3　一氧化氮的性质

常温下，NO 是一种无色、无味、有毒的气体，在 -151.8℃ 液化，-163.6℃ 固化。固态和液态的纯 NO 也是无色的。固态时有微弱的很松弛的双聚体 N_2O_3 存在，微溶于水，较易溶于乙醇。在亚硫酸钠的弱碱性溶液中迅速溶解，生成化合物二亚硝酰亚硫酸钠 $Na_2(NO)_2SO_3$。NO 在 1000℃ 以上时才被分解。NO 是少数几个含有奇数电子的稳定化合物之一，它是由一个氮原子和一个氧原子借共价键结合生成的一种小分子的气体，N 原子外层有 5 个电子，O 原子外层有 6 个电子，形成共价键后，N 和 O 原子单轨道 $2s$ 上和三重轨道 $2p$ 上的各 3 个电子形成 8 个分子轨道，包括 4 个键合轨道 $[\sigma_{2s}，\pi_{2p}(2)，\sigma_{2p}]$ 和 4 个反键轨道 $[\sigma_{2s}^*，\pi_{2p}^*(2)，\sigma_{2p}^*]$，这 8 个分子轨道上的电子组态如图 1.1 所示。在分子反键轨道上含有一个未成对电子，因此它是一个自由基气体分子。NO 性质活泼，易扩散，寿命极短（在有氧活组织中半衰期为 5~15s）。NO 在水中溶解度很小（在 25℃，101.325kPa 下，pH 值为 2~13，NO 饱和溶液的浓度等于 1.8mmol/L），易溶于脂肪，所以极易通透细胞生物膜而扩散。工业上，NO 的主要用途是制造硝酸。

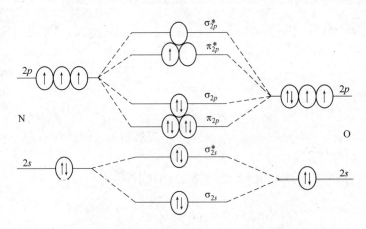

图 1.1　NO 的电子组态示意图

NO 既可以得到一个电子被还原，也可以失去一个电子被氧化，生成离子 NO^- 或 NO^+，即：

$$NO + e \longrightarrow NO^- \qquad E = -0.33V$$

$$NO - e \longrightarrow NO^+ \qquad E = +1.2V$$

这些离子存在于亚硝酰基中，亚硝酰化合物有点类似于一氧化碳和过渡金属形成的羰基化合物。

NO 是一个不带电荷的分子，由于含有一个未配对的电子，因而具有顺磁性。这一特点决定了一氧化氮的化学特性。NO 作为一种自由基，能与其他物质或基团快速结合而发生化学反应。有些反应可使 NO 性质稳定，或者作为协同分子（如谷胱甘肽）；还有些反应（如氧气、超氧阴离子）可使 NO 快速灭活，形成其他自由基，如过氧亚硝基阴离子（$ONOO^-$）。$ONOO^-$ 在碱性环境下相当稳定，在酸性环境中（遇酸）迅速分解为 $NO_2^{\cdot}$（自由基）和 $OH^{\cdot}$（羟自由基），毒性极强。NO 中 N 元素的氧化态为 +2 价，处于 N 的中间价态，因此既可以得电子变成低价态的物质，具有氧化性；也可以失电子变成高价态的物质，具有还原性。在生物系统中，NO 大多数常见的化学反应都是为了使这个未配对电子稳定化，通常是 NO 与另一顺磁性物质起反应（如 O_2，O_2^-）或 NO 与金属配位。NO 自由基不稳定，半衰期短，与氧气极易反应，生成 NO_2 自由基。它还具有很小的亲正电荷性（0.0024eV），因此一氧化氮自由基可以还原成 NO^-，在生理条件下通过质子化和二聚化后脱水很快转化为 N_2O。现在发现这一反应在体内可以被 NO 还原酶催化实现，这个酶实际上就是科学家称之为细胞色素 P450 的蛋白质，它可以利用一个烟酰胺腺嘌呤二核苷酸（NADH）使 NO 得到一个电子而被还原。NO 不仅可以被还原成 N_2O 和 $N_2O_2^{2-}$，还可以被还原生成 NH_3。NO 的氧化还原及其产物可归纳于图 1.2 中。

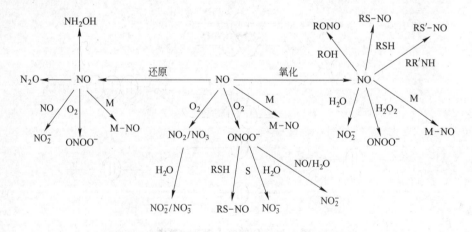

图 1.2　生物体内 NO 的氧化还原反应及其产物

1.4　一氧化氮的生理功能

NO 具有脂溶性，相对分子质量小，极易穿过细胞膜，扩散性强，因此，它几乎遍及机体的各个部位，在细胞之间发挥信息传递的重要作用。在人体内 NO 是通过 NO 合成酶（NOS）由 L-精氨酸（L-Arg）氧化产生，生成的 NO 可被氧自由基、血红蛋白等迅速灭活。NOS 是 NO 合成最关键的限速酶，主要有 Ca^{2+} 依赖原生酶（cNOS）和非 Ca^{2+} 依赖性诱生酶（iNOS）两种类型。NO 是由血管内皮、神经元及脑、肝、心、肾、胃肠等多种组织细胞产生的。促进 NO 合成的因素有乙酰胆碱、去甲肾上腺素、血栓素、内皮素以及组织胺、5-羟色胺等，而 NG-甲基-L-精氨酸（L-NMMA）与 NG-硝基-L-精氨酸（L-NNA）等内源性 NOS 抑制剂则减少 NO 的生成，这种抑制作用可被 L-精氨酸解除。大量的实验表明，NO 作为一种新型的细胞内信使分子，广泛参与血管调节、神经传递、炎症与免疫反应等各种生理和病理的调节过程。

1.4.1 在心血管系统中的作用

在心血管系统中，NO 起着信使分子的作用。当内皮要向肌肉发出放松指令以促进血液流通时，它就会产生 NO 分子，由于分子很小，又有很好的脂溶性，所以能很容易地穿过细胞膜。肌肉细胞接收信号后会做出反应。在心血管系统中，内皮细胞及心肌细胞含有它自己的 NOS 并产生 NO，合成的 NO 与邻近的平滑肌细胞里含血红素的酶——鸟苷酸环化酶反应，从而使平滑肌松弛，引起血管扩张、血压下降，并能抑制血小板凝聚，有抗血栓作用。研究表明，心脏内膜、外膜心肌组织和心肌血管内皮、血管平滑肌都能产生 NO。NO 是维持心血管功能的重要活性分子，调节冠脉循环和心肌功能，扩张冠脉血管，抑制白细胞黏附和心肌细胞收缩。

在生物体系中，NO 释放量的异常可能会引起多种疾病的发生，如心肌缺血再灌注损伤、败血症休克、动脉粥样硬化、动脉成形术后再狭窄、高血压、充血性心力衰竭等。现已公认，吸烟为阻塞性肺病（COPD）的最主要致病因素，而吸烟影响体内 NO 的含量。有研究表明，烟草中的有害物质可造成血管内皮结构的严重破坏，长期吸烟者血管内皮细胞合成和释放 NO 减少，从而引起肺部炎症。若吸入外源性 NO 后，可使肺血管舒张。Adnot 等人提出，短期吸入 NO 可舒张肺血管，降低肺动脉高压，改善心肺功能。NO 参与了低氧性肺动脉高压肺血管结构重建过程，使低氧所造成的肺小血管肌化程度和肺动脉超微结构改变明显缓解。

在鼠的颈动脉体，急性组织缺氧可增加内源性 NO 的释放。在经 L-NAME（50.0μmol/L）预处理后的动脉体，因缺氧诱导的 NO 产生会明显受到抑制，并且非选择性的 NOS 抑制剂和形成 Ca^{2+} 螯合物 EGTA（5mmol/L）的细胞外游离 Ca^{2+} 也有此作用。而特异性抑制剂 SMT（50mmol/L）使 NO 产生 30% 左右。细胞外神经处的神经活性（在慢性缺氧的动脉体）显示 L-NAME 预处理可增强传入电量，在缺氧条件下，从而确定 NO 的产生抑制了颈动脉受体活性。研究提示，缺氧诱导 NO 的产生在鼠的动脉体中适合慢性缺氧条件主要与 eNOS 和 iNOS 有关。在慢性心衰（CHF）中，NO 对于静脉压力的反应敏感性起着重要作用，抗氧化的 VitC 可促进 NO 的生物合成。静脉注射用 VitC 可极大地改善压力反应敏感性，但不易控制；长期服用 VitC 对敏感性的改善无明显作用。静脉注射用 VitC 对 NO 的影响暗示这种机制是由于代谢废物中摄取的自由基或中心基团所导致。在脉管中，增强稳定的切变应激能激活 eNOS 在部分 Akt 依赖性的磷酸化作用。体内的动脉可经受压力切变和扩张的联合形式的脉搏灌注。在已适应的脉管中，提高脉搏灌注可降低血管紧张度而激活 eNOS。在对心血管再生性模型的研究中发现，NO 的释放可引起心血管扩张，并与心肌肥大有关，故在心血管改造当中 NO 的释放起着关键性作用。而且，NO 可与氧自由基反应形成具有"双刃剑"作用的中间产物过氧亚硝基，在低浓度时，具有保护缺血心肌细胞的复灌注期损伤；高浓度时，可进一步分解生成高毒性的羟基自由基，增加膜的脂质过氧化和 LDH 的释放。过氧亚硝基还可和二氧化碳反应生成更具有毒性的自由基。

通过现有的评论分析，在心血管系统的动态平衡中，NO 的释放起着重要作用。在血管平滑肌细胞和肌细胞收缩性、近端血管氧消耗量与肾管状运输方面的调节时，这种简单分子的释放主要针对动脉状况的控制、血管收缩力和短期及长期调节动脉压力上起着中心作用。在脉管性疾病中，稳定的 NO 的产生已确定可减少细胞损伤。提高 NOS 活性在脉管损伤和肿瘤生长及转移的相关性上已有广泛的报道。NO 途径在针对保护及抗脉管损伤治疗方案上是很有前途的方式。使用 NOS 抑制剂或是 NO 失活剂，可以适当地减轻浮肿，阻滞血管损伤，促进抗肿瘤药物的传导。NO 通过缩短心脏收缩期来调节心脏的生理功能，在病理情况下，具有减弱心肌收缩力及促进心脏扩张的作用，其机制与通过增加 cGMP 而致细胞内游离 Ca^{2+} 减少，进而抑制肾上腺能效应有关。长期 NO 合成不足，不仅不能有效扩张血管，还加剧了内皮素的缩血管作用，使血压升高；而内源性非对称型左旋二甲基精氨酸的堆积可竞争性抑制 NOS 活性，使 NO 合成水平下降，导致抑制肾素作用下降，抑制平滑肌增生，促进血小板黏附和聚集，高血压的维持，最终导致脉管粥样硬化病变。长期高盐饮食，NO 合成不足，压力-利钠反射减弱，不能有效地利钠利尿，从而出现高盐引起的高血压。

1.4.2 在神经系统中的作用

在神经系统中，NO 主要由神经原细胞合成，它是一种慢突触递质，作为神经信使在外周和中枢发挥特有的生理效应，对脑的发育和成熟、视觉神经系统发育的可塑性、神经元的发育以及学习和记忆等方面都有着非常重要的影响。NO 作为外周神经递质主要在支配消化、生殖、呼吸、循环等系统的神经中起作用。

当神经受刺激时即可产生 NO,它从 NANC 神经末梢即突触前释放,通过扩散作用于内脏平滑肌靶细胞上,能使胃肠道、盆腔内脏,气管和心血管的平滑肌松弛,也能使阴茎海绵体血管、括约肌松弛。

在中枢神经系统中,小脑中 nNOS mRNA 含量最高,其次是嗅球、上下丘脑、海马及大脑皮质。脑中的 nNOS 主要是一种可溶性的胞质酶,相对分子质量为 150000~160000。虽然 nNOS 是结构型酶,但在某些情况下 nNOS 会明显上调或下调。多种神经损伤因素可上调 nNOS 表达。此外,用组织化学方法也证实神经元的损伤可引起大脑皮质、海马及小脑等许多脑区中 NOS 表达的增加。脑内除存在 nNOS 外,脑血管内皮细胞中也有 eNOS 存在,说明 NO 可能参与脑血流的调节。以往认为只存在于内皮细胞的 eNOS,后来发现也存在于大鼠的海马锥体细胞内,可能与突触可塑性有关。星形胶质细胞及小胶质细胞中也有 nNOS,这些细胞经诱导还可以产生 iNOS。在生理状态下,iNOS 活性很低,因而这些细胞中 iNOS 的诱导生成与某些神经疾病可能有关。已发现病毒感染及神经元的损伤可导致脑内 iNOS 的表达。

细胞内可溶性鸟苷酸环化酶(GC)的激活是 NO 发挥作用的主要机制。内源性 NO 由 NOS 催化生成后,扩散到邻近细胞,与 GC 活性中心的 Fe^{2+} 结合,改变酶的立体构型,导致酶活性的增强和 cGMP 合成增多。eGMP 作为新的信使分子介导蛋白质的磷酸化等过程,发挥多种生理学作用。

海马某些区域在受到重复刺激后可产生一种持续增强的突触效应,称为长时程增强(LTP),是学习和记忆的分子基础。LTP 的产生涉及神经元间突触连接重构,这一过程既需要突触前神经元释放递质作用于突触后膜,也需要突触后神经元将信息反馈到突触前膜,NO 就充当了这一逆行信使的角色。研究表明,NO 参与了 LTP,其过程为:兴奋性氨基酸 N-甲基-D-天冬氨酸(NMDA)受体活化引起突触后神经元 Ca^{2+} 内流,激活 NOS 使 NO 生成增多。NO 可作为 LTP 的逆行信使弥散至突触前末梢,经一定机制便能使谷氨酸递质不断释放,从而对 LTP 效应的维持起促进作用。NOS 抑制剂 L-N-硝基精氨酸(L-NNA)可阻断 LTP 过程,而 L-精氨酸则可对抗上述抑制剂的作用。NO 还可能参与小脑中长时程突触传递抑制(LTD)的形成,小脑中的蒲肯野细胞同时接受两类兴奋性突触传入,一类来自由颗粒细胞发出的平行纤维,另一类来自攀缘纤维。同时刺激小脑攀缘纤维和平行纤维可导致平行纤维与蒲肯野细胞间突触形成 LTD。这是小脑运动学习体系中的一种分子机制。NO 可能作为一种重要的信使分子参与 LTD 的形成。由于 NOS 存在于颗粒细胞及筐状细胞,GC 存在于蒲肯野细胞,很可能是平行纤维或筐状细胞被激活后产生 NO,NO 扩散到蒲肯野细胞激活 GC,导致蒲肯野细胞 cGMP 增加,进而激活依赖于 cGMP 的蛋白激酶,使 α-氨基羟甲基恶唑丙酸(AMPA)受体或有关分子磷酸化,最终导致 AMPA 受体敏感性下降,形成 LTD。

NO 在 LTP 和 LTD 中的作用促使人们去研究它在学习和记忆过程中的作用。用 Morris 水迷宫实验发现大鼠在训练前给 NOS 抑制剂 N-硝基-L-精氨酸甲酯（L-NAME）可明显延长大鼠到达平台所需的时间，而同时给予 L-精氨酸则可对抗上述作用。大量实验表明，NO 对维持正常的学习记忆功能是必需的。

NO 在脑血流的调节中具有十分重要的作用，生理状态下释放的 NO 可能参与维持脑灌流的作用。这与脑血管内皮细胞上的 eNOS 及位于脑血管附近的脑实质神经元所含的 nNOS 的生理性激活均有一定的关系。

NO 一般是通过与可溶性鸟苷酸环化酶中的血红素组分起反应而发挥其生物学作用的。但在 NO 过量等条件下，NO 又通过与其他化学分子发生不可逆的化学反应生成一些衍生物，此时 NO 与其衍生物常具有神经毒性作用。超氧阴离子作为机体氧化还原的产物在体内广泛存在，当 NO 与超氧阴离子同时存在且比例为 1∶1 时可产生过氧化亚硝酸根，虽然 NO 与超氧阴离子都不是强氧化剂，但过氧化亚硝酸根具有强氧化性，它不仅自身有毒，而且还可形成 HNO_3。过氧化亚硝酸根相对稳定，但 HNO_3 在 37℃、pH 值为 7 时半衰期仅为 1 s，很快被分解成多种毒性代谢产物，如 NO_2^+、OH^-、NO_2^- 和 NO_3^- 等，其中亚硝酸根和过氧化亚硝酸根一般是损伤性的。超氧阴离子常对机体有用，而羟自由基是有害的。机体常通过内在的各种抗氧化机制来清除过氧化亚硝酸根等有毒物质。但这种保护作用总是有限的，当体内合成这些毒性产物的量超过了机体所能清除的限度，就会对机体的特定组织和器官造成损伤。另外体内过量 NO 还可通过以下机制损伤 DNA：

（1）致 DNA 碱基脱氨基；

（2）致 DNA 氧化（由 NO 或其产物过氧化亚硝酸根及 OH^- 所致）；

（3）致亚硝胺含量增加，此为 DNA 烷化因子；

（4）抑制 DNA 损伤的修复。损伤的 DNA 可激活多聚 ADP-核糖合成酶（PARS），导致细胞 NAD/NADH 池的快速减少，ATP 储存衰竭而发生细胞死亡。此外，NO 还可引起多种细胞发生凋亡。

NO 在中枢神经系统中既有维持正常生理功能的神经保护作用，又在一定条件下具有神经毒性作用。这在以下一些神经疾患中表现得尤为突出：

（1）脑缺血。大量研究发现，脑缺血发生后即有短暂的 NO 增高，主要由神经元的 nNOS 和血管内皮的 eNOS 介导。它通过 NO/cGMP 途径使脑血管扩张、增加脑血流、抗血小板凝集，从而对抗缺血性脑损伤而起保护作用。而中、晚期梗死灶内炎症细胞、吞噬细胞诱导产生大量 iNOS，由此造成的 NO 过度释放则起着细胞毒性作用。

（2）癫痫。Wang 等人研究发现，NO 具有诱发癫痫作用，参与神经兴奋过程，并有神经毒性作用。NO 诱发癫痫与 NMDA 及非 NMDA 受体的激活、细胞内

Ca^{2+}浓度的变化及突触前谷氨酸释放增加相关。另有研究认为，NO 可能作为负反馈因子调节周围神经元 NMDA 受体的活性，使 NMDA 受体活性下调，Ca^{2+}内流减少，从而起抗癫痫作用。这种神经保护作用和上述的神经毒性作用可能与局部微环境的氧化还原改变所致 NO 的氧化还原状态不同有关。

（3）阿尔茨海默病。记忆缺损是阿尔茨海默病（AD）的一个主要特征。AD 病人的大脑海马中，NOS 阳性神经元数明显低于正常人。在对 AD 的 NOS 亚型研究中发现，nNOS 活性提高可加剧神经元损伤，而 eNOS 因可增加脑血流和舒张血管而具有神经保护作用。

（4）帕金森氏综合征。Hunot 等人的研究表明，死于帕金森氏综合征（PD）的患者脑中胶质细胞 iNOS 的表达与神经元损伤相关。体外实验也表明在胶质细胞上对这一非 Ca^{2+}依赖性 iNOS 诱导可通过 NO 产生神经损伤。另外，NO 是多巴胺（DA）释放的重要调节物质。正常情况下，NO 介导 DA 的释放，但在 PD 病理情况下，大量 NO 的生成加剧了 DA 神经传导障碍，协同对 DA 神经元的损伤。

1.4.3 在免疫系统中的作用

在免疫系统中，NO 显示出其独特的功效。在非特异性免疫方面，NO 能够杀死外来微生物和肿瘤细胞，对细菌、真菌、寄生虫等有杀伤作用，对体内的肿瘤细胞有毒性作用，是免疫系统中对付细菌、病毒、肿瘤细胞等病原体的有效武器。在特异性免疫方面，NO 能影响体液和细胞免疫功能，影响淋巴细胞增殖。另外，NO 还会对中性粒细胞、嗜酸性粒细胞等免疫细胞的功能以及非特异性炎症反应有所影响。内毒素、细胞因子能够诱导巨噬细胞等吞噬细胞激活 NO 合成酶，合成大量 NO。同时，细胞呼吸爆发出大量的超氧阴离子自由基，NO 与超氧阴离子自由基发生快速反应，生成过氧亚硝根离子，在生理 pH 值下，该离子的半衰期为 1~2s，过氧亚硝根离子具有强氧化性，能够杀死多种病原体而保护机体，但同时也对正常组织造成损伤，它被认为是人体有炎症、中风、心脏病和风湿病引起大量细胞损伤的原因。NO 的抗肿瘤作用是抑制肿瘤代谢和封锁其生成，在免疫系统中发挥细胞间信息传递的作用。

1.4.4 在消化系统中的作用

在消化系统中，NO 对食管收缩或舒张、胃肠道平滑肌和括约肌舒张以及食管蠕动等功能均有调控作用。NO 能保护胃肠道黏膜，调节胃肠运动，但过多会导致肠道炎症和黏膜损害。不仅如此，NO 在糖尿病的发生及抗癌等过程中也发挥着重要的作用。糖尿病慢性并发症与高血糖引起的一系列代谢紊乱有关，而NO 则参与高血糖引起的代谢紊乱。研究表明，NO 生成量及一氧化氮合酶活性的改变是导致糖尿病慢性并发症的重要机制之一。最近发现人促皮质素释放因子在大量乳癌中有抗增殖和诱导分化作用，其机制之一是诱导一氧化氮合酶（iNOS）的活性，从而产生高浓度的 NO。而使用一氧化氮合酶抑制剂 N-硝基-L-精氨酸甲酯后，发现其抗癌活性明显减弱，甚至消失。

NO 对胃肠道运动有很大影响。胃肠道的蠕动是机体完成食物消化吸收的基本保证，传统认为受交感神经和副交感神经支配。20 世纪 60 年代初，发现还有第三种神经支配，称为嘌呤能神经，70 年代后期，证实这类神经释放肽类物质，故称肽能神经。胃肠道抑制性反应主要与非胆碱能、非肾上腺素能抑制性神经（NANC）有关，虽然 ATP、VIP 也参与 NANC 神经，但 NO 是 NANC 神经的主要介质，Bult 等人于 1990 年发现刺激胃肠道的 NANC 神经可引起 NO 的释放。在消化道内 NO 的分布极为广泛，从口腔到肛门均有存在。在神经肌肉界面，NO 通过激活 GC 而增加 cGMP 的浓度，后者再激活各种蛋白激酶，导致细胞内 Ca^{2+} 降低和通过增加 K^+ 的传导而使细胞超极化，从而导致平滑肌细胞松弛。动物实验及人体活组织研究均证实 NO 即为 NANC 的主要介质，刺激大鼠胃底或狗回盲部的 NANC 神经可引起 NO 的释放并能导致平滑肌的松弛效应。应用免疫组织化学方法在不同种类的哺乳动物及人胃肠道定位出 NOS 阳性肌间神经节细胞及神经纤维。外源性 NO 能引起不同种类动物及人食道下端括约肌、小肠、大肠的环肌及纵肌和肛门内括约肌的松弛。通过抑制 NOS 活性或以血红蛋白抑制 NO 的活性，可减弱 NANC 神经对如荷兰猪结肠、狗回肠、人空肠及结肠活组织肌条的抑制性松弛作用。NOS 阳性中间神经元参与下降性抑制，在肠蠕动反射中是一个关键性因素，迷走神经刺激的松弛反射也是由 NO 介导的。任何口服药物如影响了NO 系统将会直接影响胃肠道的功能。

此外一些研究发现，NO 与某些动力性胃肠道功能障碍有直接关系，如便秘、假性肠梗阻、胃食道反流、贲门失弛缓症（AOC）、先天性肥厚性幽门狭窄（IHPS）、先天性巨结肠（HD）等。肠道在兴奋性神经和抑制性神经活性的失衡可能导致慢性假性肠梗阻。Mearin 等人应用生物化学和免疫组织化学方法发现，在 AOC 患者胃食道交界处肌间神经丛中缺乏 NOS 的阳性神经元，因此导致贲门局部产生 NO 障碍，致使括约肌呈失弛缓状态。Wanderwinden 等人发现在 IHPS 患儿肥厚的幽门环肌层中几乎完全无 NOS 阳性神经纤维，而证实这种疾病是由于局部缺乏 NO 而致幽门处于痉挛状态，并非因肥大的幽门肿块引起的单纯机械性梗阻。在 HD 患儿病变肠段，内在性神经元及神经纤维均为 NOS 阴性，提示NO 与 HD 发病有关。此外，NO 可松弛正常人食管下端括约肌及结肠肌条，同样也可松弛 AOC 患者食道下端括约肌及 HD 患者结肠肌，为药物治疗这些疾病提供了新的线索。

NO 与肝脏的生理及病理有关。迄今研究发现，NO 与肝脏的生理及病理关系极为密切，在肝细胞、巨噬细胞及 Ktlffer 细胞内有 E 型 iNOS，被细胞激动素刺激后，iNOS 可催化产生大量的 NO，NO 对肝细胞有保护作用，可调节肝脏的蛋白质合成，使白蛋白合成降低，这可能有助于肝细胞度过低氧症的应激期。NO 还可调节糖代谢及脂肪代谢，NO 在脓毒败血症的肝功能障碍中也起重要作用，NO 以强有力的血管扩张作用和抗血小板凝集作用，改善肝 JlG 的微循环，使肝损害进程得以抑制。NO 通过血红蛋白，特别是干扰细胞色素 P45O 系统，参与内毒素和药物诱导的肝细胞毒性作用。NO 在氧化性肝损伤和肝缺血再灌注性损害机制中起着重要作用。免疫系统所产生的 NO 在免疫介导的自身免疫性肝病、病毒性肝炎和肝移植中的肝细胞毒性中具有重要作用。Billiar 等人认为，NO 可能是通过调节局部灌流，抑制低血流量下的血小板聚集，并与超氧化物结合，形成无毒代谢产物硝酸根，使肝细胞避免反应性氧中间物引起的损害，而起肝细胞保护作用的。NO 在肝硬化的病理机制中所起的作用，已受到人们的重视，Vallance 等人认为内源性 NO 合成释放过多是引起肝硬化高动力循环的主要介质，N-硝基-L-精氨酸（NNA，L-精氨酸类似物，能特异性竞争 NOS）能导致肝硬化大鼠动脉压明显高于对照组，并可逆转门脉高压大鼠对美速胺的升高作用；N-甲酰-L-精氨酸（L-NMMA，L-精氨酸类似物）能显著升高全身动脉压和全身及内脏阻力，降低心输出量，增加门脉高压，降低门脉血流，但如预先给 L-精氨酸，则可阻断 L-NMMA 的这些效应。Guarner 等人发现肝硬化患者体内 NO 水平的升高与血流动力学紊乱有密切相关性。有人发现肝硬化患者对血管紧张素的反应性降低，而 NNA 可逆转此种反应，提示 NO 介导了对血管紧张素的低反应性。Stark 等人提出内源性 NO 是导致肝硬化肾功异常、腹水及浮肿等并发症的重要介质。由于 NO 广泛分布于消化道，肝硬化时所产生的消化道症状可能均与 NO 有关。有人认为硝酸甘油对门脉高压的治疗作用在于它提供了外源性 NO，临床实验表明，MolSidomin（一种 NO 的供体）能降低肝硬化大鼠及患者的门脉压，这无疑为 NO 系统的药物在肝脏疾病中的应用提供了新的希望。

NO 对胃肠黏膜也有影响。胃肠道黏膜的完整性依赖于各种保护性因子和黏膜所暴露的损害因子间的平衡，黏膜保护性因子包括黏膜血流的调节、碱性黏液的持续分泌、黏膜上皮的增殖和恢复等。NO 对调节胃肠黏膜血流和维持胃肠黏膜的完整性及防微生物的侵袭均有重要作用。内源性 NO 可能具有防护胃黏膜溃疡的形成，局部应用 NO 溶液可保护及减轻乙醇或阿司匹林引起的黏膜刺激及出血，静脉应用硝普钠（NO 的供体）也能抑制黏膜的损伤。NO 能防御吞入胃内的微生物对机体的侵袭，其来源可能是通过外源性食物及吞咽的唾液所衍生的硝酸盐或胃黏膜上皮细胞所产生的内源性 NO。NO 的作用机理可能是通过扩张血管、抗凝及清除过氧化物等。NO 对内毒素休克所致的黏膜损害具有保护作用，可能是通过对白细胞的调理而发挥作用的。Kubes 等人发现通过抑制 NOS 活性可导致过氧化物的形成以及肥大细胞调理的白细胞吸附至毛细静脉及小静脉壁的增加。随着对 NO 研究的深入，有可能揭示人们对一些肠道炎性疾病、缺血再灌注性损伤及溃疡性结肠炎的认识。

此外，NO 还影响着胆囊及 Oddi 括约肌。胆道及 Oddi 括约肌的舒张由缩胆囊素（CCK）、胃泌素、VIP 及 NANC 神经支配。有研究表明，内源性 NO 可由胆囊组织产生，并可作为 NANC 神经介质控制胆囊和 Oddi 括约肌的舒张。外源性 NO 能降低 Oddi 括约肌的张力，由局部 CNOS 催化产生的 NO 作为 L-精氨酸-NO 通道在调节胆囊收缩及 Oddi 括约肌张力上均起着重要作用。

有报道称，内源性 NO 可能通过改变胰血流来调节胰液的分泌，因为抑制 NOS 的活性或外源性 NO 对游离的胰腺泡分泌胰液均无影响，抑制 NOS 活性能导致静态和激素刺激（Secretin + CCK）下胰血流的显著减少，并伴胰液分泌的显著抑制，而施用 NO 供体则能改善胰血流并增加胰液的分泌。NO 与胰岛的关系表现为多样性及复杂性，L-精氨酸能刺激胰岛素的分泌，NO 能调节胰岛素的分泌，NO 参与了白介素-1（Interleukin）所抑制的葡萄糖刺激下胰岛素的分泌。NO 在 L-精氨酸刺激下胰岛素的分泌中起着负反馈作用。另外，NO 可能作为免疫系统中的效应物参与 I 型糖尿病的自身免疫。

1.4.5　在泌尿系统中的作用

在泌尿系统中，NO 在调节肾血流动力学和电解质分泌改变方面起着重要作用，参与对肾脏水钠排泄和肾小球毛细血管管压的调节。NO 在肾内的调节具有高度的组织结构选择性。在糖尿病肾病中，NO 含量的增加可以减少细胞外基质的产生和积聚，从而减轻肾小球硬化。内源性 NO 合成不足会诱发或加剧急性肾功能不全的发生和发展，内源性及外源性 NO 均可以防止肾小球微血栓的形成。此外，性激素的调节、妊娠维持及分娩也与 NO 密切相关，并且 NO 对维持皮肤正常生理功能也发挥着重要作用。

1.4.6　在呼吸系统中的作用

在呼吸系统中，NO 是存在于肺内的循环调节因子，其在呼吸系统中的生物学作用主要有以下几个方面：

（1）体内重要的舒血管物质，它能催化鸟苷酸环化酶（cGMP）的生成，使血管平滑肌舒张，而乙酰胆碱、缓激肽等强舒血管物质均是通过 NO 介导扩张血管的，因此对维持肺血管舒张具有重要作用。

（2）作为呼吸系统唯一非胆碱能非肾上腺能神经递质，NO 能舒张气管平滑肌，扩张气道。

（3）NO 在宿主防御中能起到重要作用，当巨噬细胞被内毒素或 T 细胞激活时，会产生大量 NO 及其他炎症介质，杀伤细菌及肿瘤细胞。

（4）NO 可促纤维蛋白溶解，从而抑制血小板聚集，产生抗凝作用。

（5）抑制中性粒细胞的聚集，减少黏附分子的表达，发挥其抗炎作用。

（6）介导炎症细胞凋亡及促炎细胞因子的产生，调节炎症反应的方向。

适量的 NO 对机体具有保护作用，但过量的 NO 具有细胞毒性作用，可损伤肺泡上皮细胞表面磷脂及蛋白，抑制肺泡表面活力物质的生成，促进肺组织的炎性渗出及肺泡的损伤。

在生理情况下，NO 抑制中性粒细胞聚集，防止血细胞与内皮粘连，导致中性粒细胞产生氧自由基和淋巴细胞增生等，从而发挥其抗炎作用，而在病理情况下，iNOS 被持续激活，局部 NO 大量生成。NO 作为免疫效应分子发挥作用，即杀死肿瘤细胞，终止病毒复制及清除各种病原微生物；产生前炎性作用，即引起气道充血和增加毛细血管通透性，使血浆渗漏，加重气道的渗出和水肿，导致嗜酸性细胞聚集以及通过诱导辅助性 T 细胞的活力，引起气道中过度的 IgE 介导的反应；与线粒体呼吸链或 DNA 结合酶的含铁部分结合，产生细胞毒作用，特别是导致上皮细胞损害；与被激活的炎症细胞产生的氧自由基反应，生成过氧亚硝酸盐，导致气道炎症和气道上皮损伤。NO 作为重要的炎症介质，可参与炎症反应的调节。外源性给予不同剂量的 NO 对急性肺损伤炎症反应产生不同的作用，高浓度的 NO 可以抑制炎症反应，减轻组织的损伤，而低浓度的 NO 则促进炎症反应的发展，加重组织的损伤。Cao 等人研究认为 NO 在体内和离体均可阻断核转录因子（NF-kB）的激活，其途径可能是增加 NF-kB 抑制蛋白表达、减少其降解或两者均有。杨群等人认为 NO 可能通过下调 NF-kB 介导的促炎症反应通路以减轻炎症反应，从而对肺产生保护作用。在炎症过程中，多种细胞因子的相互影响，产生放大效应，如肿瘤坏死因子-α（TNF-α）可诱导气道上皮细胞 iNOS 的表达及 NO 产生。而过量产生的 NO 一方面导致 TNF-α 等前炎性细胞因子的增加，扩大炎症反应；另一方面反作用于 iNOS 抑制其活力。

肺纤维化是由肺间质成分（主要是胶原纤维）失控性积聚而致的一种结构重塑。已知肺巨噬细胞和成纤维细胞是肺纤维化形成的关键细胞。肺成纤维细胞是合成和分泌胶原的主要细胞；肺巨噬细胞异常释放的因子具有促肺成纤维细胞增殖和分泌胶原的作用，NO 是其中重要的释放因子。文献报道，石棉致大鼠肺纤维化的初期，发生严重肺损伤时，肺泡巨噬细胞释放 NO 能力增强；离体实验证明，NO 供体 S-亚硝基-N-乙酰基青霉（SNAP）有促成纤维细胞增殖的作用。说明在肺纤维化形成过程中，肺内 NO 异常增多，且有促肺纤维化作用。目前 NO 促纤维化的机制还不够清楚，一般认为，肺纤维化的形成要经过肺亚急性或慢性炎症、肺损伤和肺间质胶原堆积等过程。不管 NO 参与上述哪个环节，其促纤维化的过程都是 NO 与其他细胞因子相互作用的结果，较为复杂，可以认为，肺内 NO 的大量生成可能是诱发肺纤维化形成的因素之一。

以往研究证明，肿瘤中产生的 NO 具有双重性，高浓度具有抑瘤作用，低浓度具有促瘤作用。赵崇敬等人的研究结果显示，NO、NOS 浓度随着肺癌患者病情进展而明显下降，说明 NO、NOS 与肺癌具有密切的关系，NO 在恶性肿瘤的发生、发展过程中可能起重要的作用，且持续合适浓度的内源性 NO 的产生加重肺癌病情发展。研究表明，通过 iNOS 选择性抑制剂氨基胍（AG）抑制 iNOS 活力，减少 NO 的生成，阻断其效应途径，可抑制肿瘤血管增殖，导致肿瘤坏死增加。人为地改变 NO 的生成（抑制或诱导产生）均可抑制肿瘤生长，达到抗瘤作用。目前临床上多见于 NOS 抑制剂和 iNOS 诱导剂的应用。前者主要抑制微环境中合适浓度 NO 的产生；后者诱导肿瘤细胞产生大量 NO，直接发挥其杀伤作用。但应注意过量 NO 抗肿瘤的作用是非特异的，是巨噬细胞发挥细胞毒作用的效应分子之一，可杀伤肿瘤细胞，也可以影响某些抗癌基因的功能。内环境下 NO 的浓度和肿瘤的发生发展有直接的关系，于兰等人研究发现 NO 在肺癌发生发展的病理过程中具有重要的作用，进行血清中 NO 含量的测定，将有助于了解和评估肺癌患者的病情发展和预后。付向宁等人也指出血中亚硝酸盐及硝酸盐浓度在肺癌患者对疾病的评估中具有临床检测意义。

炎症细胞浸润和激活是引起急性肺损伤的显著机制。以往研究表明，由 IgG 复合体和 IgA 免疫复合体所诱发的小鼠肺损伤均是 NO 依赖性的。Mulligan 等人通过气管注射免疫复合物造成大鼠肺损伤，发现给予左旋精氨酸类似物抑制 NO 产生，能减轻肺损伤，而给予左旋精氨酸使 NO 产生增多，则可加剧肺损伤。一些离体实验也表明 NO 参与了肺损伤：用百草枯进行离体肺灌流后，支气管肺泡灌洗液中蛋白增多，肺的湿重/干重增高，表明发生了肺损伤。另外有一些研究发现，NO 在某些肺损伤过程可能起保护作用。用白细胞介素-2（IL-2）致肺损伤后，给予硝普钠使体内 NO 含量增加，则肺组织多形核细胞（PMN）浸润及蛋白漏出均明显减轻，肺水肿减轻。这与 Donovan 等人报道相符，但后者进一步发现给予左旋精氨酸类似物抑制 NO 产生，PMN 浸润增加，肺水肿加重。说明 NO 发挥保护作用和上述疾病有所不同。目前认为，NO 减轻肺损伤与它和 PMN 的作用有关。

体内、离体接触既定环境或职业性有害因素，如石棉、二氧化硅、臭氧或内毒素等，导致肺巨噬细胞和肺上皮细胞 iNOS 表达增加，内源性 NO 生成量增加，进而诱发肺损伤及炎症反应。以接触二氧化硅为例，目前研究主要围绕 NO 或过氧化机制或两者兼有。但大多数学者倾向认为 NO 在各种急慢性肺疾病中伴有更重要的角色，其具体机制尚无定论。在患有职业性哮喘的农场作业人员的疗效评估的研究中发现，呼出气 NO 体积分数可以反映过敏性气道炎症，且短期内测定呼出气 NO 体积分数敏感性比测定肺功能相关指标更好。进一步研究发现特异性吸入激发试验（SBPT）可使职业性哮喘患者呼出气 NO 体积分数增高，说明呼出

NO 平均体积分数反映了职业性哮喘气道炎症的状况，对该病评价有指导意义。研究表明，NO 在哮喘患者呼出气浓缩物中也有检出。同时，国内外学者研究了不同期别矽肺患者血浆中 NO 和 NOS 浓度及 NOS 活力的动态变化，结果显示随着矽肺期别的增加，血浆中 NO 和 NOS 浓度增加，NOS 活力下降，并指出测定血浆中 NO 和 NOS 浓度及 NOS 活力对了解矽肺形成、进展及估计预后具有一定的参考意义。随着研究的深入发现，检测肺局部组织中 NO 和 NOS 浓度及 NOS 活力要比检测血浆中的 NO 和 NOS 浓度及 NOS 活力更能代表肺部矽尘所致的早期炎症变化。鉴于职业病病程长、发病缓慢的特点，NO 应用临床较少，主要致力于 NO 相关指标的探索、检测及方法的探讨，进而寻找出变化规律，将无症状患者从高危人群中识别出来，达到早期预防的目的。诱导痰以其无创性等优点，越来越引起重视，测定诱导痰中 NO 相关指标及计数炎症细胞，可有效弥补单纯测定呼出气 NO 体积分数的缺陷，有助于职业性肺疾病暴露人群早期预防及患者疗效评估。

1.4.7 在植物中的生理功能

植物体内 NO 的来源比较复杂，主要可以分为两大类：亚硝酸根离子依赖的和 Arg 依赖的途径。通过对植物组织提取液 NOS 活性的检测和利用动物 NOS 抑制剂抑制 NO 产生等证据，现已证明 NOS 存在于植物体内。最近的研究发现，绿藻基因组存在 NOS 序列，其氨基酸序列 45 % 和人 NOS 同源，但至今仍未在高等植物体内发现类似动物 NOS 基因或蛋白。植物体内，NO 参与诸如生长发育、代谢、病虫害防御及干旱、盐害、极端温度等生物逆境和非生物逆境在内的许多过程，如 NO 促进种子萌发、参与诱导细胞程序性死亡、延缓叶片衰老、诱导植物抗菌素合成参与抗病反应、乙烯释放、脱落酸（abscisic acid，ABA）信号转导，以及干旱胁迫、盐胁迫、高温胁迫、冻害等非生物胁迫反应。

硝酸还原酶（nitrate reduetase，NR）是催化亚硝酸根产生 NO 的主要酶。气孔关闭、抗病刺激因子诱导处理、非生物胁迫、发育等过程中 NO 的产生来源于 NR，NR 抑制剂钨酸盐处理条件下 ABA、真菌刺激因子诱导的拟南芥、豌豆的气孔关闭受到抑制。NR 的另外两个抑制剂叠氮化钠、氰化钾也能抑制 NO 的产生。除上述药理学的证据外，遗传学实验也证明 NR 是植物体内催化亚硝酸根产生 NO 的主要酶类，如 NR 敲除或沉默的植物体内 NO 产生受阻。NR 的其中一种同功酶 NIA1 是 ABA 诱导气孔关闭过程中诱导 NO 产生的酶。除 NR 外，在含氧量较低的组织如根中存在质膜亚硝酸根，NO 还原酶将亚硝酸根还原为 NO。线粒体电子转运依赖的还原酶也可以将亚硝酸根还原为 NO。此外，在酸性环境如种子和根的质外体中存在非酶促途径将亚硝酸根还原为 NO。

在植物体内，NO 还可以通过 Arg 合成，其证据主要来源于 Arg 拮抗物能够抑制 NO 产生或 NO 相关的生理反应。使用动物 NOS 抑制剂的实验也表明 Arg 来源的 NO 产生存在于植物生长发育、非生物胁迫、病原菌入侵等过程中。虽然有证据表明植物体内存在类动物 NOS 的酶将 Arg 转变为瓜氨酸、产生 NO，但至今未在高等植物基因组序列中发现 NOS 基因。2003 年，美国 Crowford 实验室发现一个可能的拟南芥 NOS 基因 AtNOS1，AtNOS1 缺失突变体中 NO 产生受到影响，之后几个实验室的独立研究表明 AtNOS1 并非 NOS，但其确实和 NO 产生相关，故将其命名为一氧化氮相关蛋白 1（AtNOA1）。AtNOA1 属于环状变化 GTPases 家族，定位于质体或线粒体，可能在 RNA/核糖体结合过程中起作用，但 At-NOA1 的功能和 NO 产生之间的关系还需进一步研究。

研究表明，NO 在植物生长、发育过程中发挥重要作用。NO 抑制种子休眠、促进种子萌发，ABA 抑制种子萌发现象在 NO 产生缺失三突变体中更加明显，说明 NO 对种子萌发的影响和 ABA 联系紧密。NO 能诱导玉米根伸长、黄瓜不定根的伸长生长、通过调节细胞循环基因表达诱导番茄侧根生长、促进根毛的发育。植物根具有向重力性，研究表明，NO 参与大豆根的向重力性弯曲生长。NO 作为一种内源信号分子参与光介导的大麦幼苗变绿过程。最近的研究表明，NO 可促进幼苗脱黄化、抑制下胚轴伸长等促进光合建成作用和赤霉素相互拮抗。合适的开花时间是植物完成生活史所必需的，受内源信号和外界环境信号的共同调节，外施 NO 或过量产生 NO 突变体延迟开花，而 NO 产生降低的突变体提早开花，说明 NO 延缓开花过程。花粉与雌蕊间的相互作用是授粉和结实的早期事件，研究表明，NO 参与花粉与雌蕊的相互作用和对花粉管生长的调节。

衰老是植物生长发育的最后阶段。在衰老过程中，老叶中的营养物质被运送到正在发育的新叶和种子中，多种激素和信号物质参与其中。研究表明，NO 作为负调控因子参与叶片衰老过程，拟南芥 NO 产生缺失突变体和过表达 NO 降解酶的转基因株系均表现叶片早衰表型。Corpas 等人研究表明，衰老豌豆叶片中类 NOS 活性降低，NO 含量下降。NO 参与多种激素调控的叶片衰老过程。NO 延缓自然衰老进程主要是通过抑制乙烯产生起作用。NO 能阻止 ABA、茉莉酸诱导的水稻叶片衰老，这种作用主要通过清除包括过氧化氢在内的活性氧来实现。众所周知，细胞分裂素延缓叶片衰老，但高剂量的细胞分裂素通过加速衰老诱导程序性细胞死亡（programmed cell death，PCD），研究发现 NO 在细胞分裂素诱导 PCD 过程中发挥正调控作用，说明在调控衰老过程中 NO 是一把"双刃剑"。最近的研究表明，在 Ca^{2+} 调控叶片衰老的信号转导过程中，NO 发挥重要作用。与野生型拟南芥相比，质膜阳离子通道缺失突变体 dnd1 叶片 Ca^{2+} 含量显著降低，并表现早衰表型，其叶片 NO 含量明显低于野生型叶片，而外源施加 NO 能恢复 dnd1 衰老相关表型，说明在衰老进程中 NO 作用于 Ca^{2+} 下游。衰老是植物组织脱水的过程，而 NO 能通过调节保卫细胞离子通道和 Ca^{2+} 水平来调控气孔关闭，所以衰老组织中是否因为 NO 含量的下降导致不能有效地调控气孔关闭，造成水分散失最终引起不可逆的脱水过程是值得探讨的问题。

不仅 NO 的产生受多种植物激素的诱导，NO 介导的植物生长发育过程与激素也存在对话，而且在激素调控的植物生长发育方面发挥重要作用，被认为是一种新的植物生长调节物质。

NO 参与生长素促进根的形成过程。玉米根部细胞对 NO 处理非常敏感，外施 NO 能诱导玉米根的伸长。在生长素诱导黄瓜外植体不定根的形成过程中，NO 是必需的；用生长素处理黄瓜外植体，发现根的下胚轴基部分生组织区内源 NO 含量迅速增加。进一步研究发现，NO 通过诱导磷脂酶 D 来源的磷脂酸的产生参与生长素对不定根生长的调节。此外，NO 还参与生长素对番茄侧根生长的调节。而生长素诱导黄瓜外植体基部 NO 的合成机理还不清楚。质膜亚硝酸-NO 还原酶（NI-NOR）促进植物根部 NO 的合成，其最适合的 pH 值为 6.1。生长素可能通过酸化胞内环境而提高 NI-NOR 的活性或调节 NI-NOR 的转录和翻译来诱导 NO 的合成。研究表明，生长素诱导产生的 NO 参与大豆根的向重力性弯曲。此外，在缺铁条件下三价铁螯合物还原酶活性上升信号转导过程中，NO 位于生长素下游起作用。而在 Cu^{2+} 胁迫导致拟南芥幼苗形态改变的信号转导过程中，NO 和生长素存在负调控关系。以上现象表明，NO 与生长素响应生理反应的关系比较复杂。

植物体内很多生理过程是激素和光敏色素单独作用或相互作用的结果，NO 也参与其中。NO 参与细胞分裂素促进和脱黄化、色素形成有关的光形态建成反应。细胞分裂素能促进花色素苷和 J3-花色素苷的合成，NO 也能促进 I3-花色素苷的合成，且 NOS 的抑制剂和 NO 的捕获剂能抑制细胞分裂素的这种作用，说明 NO 是细胞分裂素的下游信号或在细胞分裂素的作用过程中 NO 是必需的。此外，NO 在高浓度细胞分裂素诱导 PCD 过程中发挥正调控作用。

一些种子依赖光才能发芽，赤霉素能起到光敏色素活化形式的作用而促进种子发芽。莴苣种子依赖光敏色素，在高于 26℃ 的温度下才能萌发，而 NO 在黑暗中便能促使莴苣种子萌发，其效果和用赤霉素或光照处理相当。最近的研究表明，NO 通过正调节 DEIIA 蛋白聚集、负调控 PIF 基因表达从而促进幼苗脱黄化、抑制下胚轴伸长等光形态建成与 GA 存在拮抗作用。

NO 和乙烯在植物生长发育及环境响应方面存在相互作用。在植物成熟、衰老过程中，NO 和乙烯相互拮抗，利用 NO 抑制乙烯的产生可以延长农艺产品的保鲜时间。在草莓成熟过程中，内源乙烯和 NO 含量呈负相关，未成熟果实的 NO 含量高，乙烯含量低，果实成熟的过程是 NO 含量逐渐下降而乙烯含量逐渐升高的过程。NO 和乙烯在臭氧处理烟草诱导交替氧化酶活性上升过程中存在相互作用。此外，在盐胁迫处理拟南芥愈伤组织中，NO 和乙烯相互作用维持离子平衡。

NO 和 ABA 的相互作用主要体现在对气孔运动的调节上。诸多研究表明，NO 作为一种必需的信号中间分子参与 ABA 对气孔开度的调节。ABA 诱导拟南芥、蚕豆、豌豆保卫细胞 NO 产生，NO 捕获剂抑制 ABA 诱导的气孔关闭。药理学和遗传学证据表明，NR 是保卫细胞中 NO 产生的主要来源，NR 缺失双突变体 Nia1nia2 气孔关闭和 NO 产生对 ABA 不敏感。NO 参与 ABA 诱导气孔关闭的机理为：NO 抑制内向 K^+ 通道、激活阴离子 Cl^- 通道、促进胞内 Ca^{2+} 释放来提高胞质 Ca^{2+} 水平诱导气孔关闭。进一步的研究发现，蛋白激酶的竞争性拮抗剂抑制 NO 促进胞内 Ca^{2+} 释放提高胞质 Ca^{2+} 水平、激活抑制内向 K^+ 通道、激活阴离子 Cl^- 通道的作用，说明蛋白磷酸化是 NO 调节 Ca^{2+} 释放和离子通道的前提。张艳艳等人的研究结果表明，在 ABA 诱导气孔关闭信号转导过程中，NO 位于磷脂酶 D（PI Da1）、羟基下游。Zhang 等人发现，蚕豆保卫细胞中，NO 能抑制蓝光诱导气孔张开，但不能抑制红光诱导的气孔打开，且 NO 抑制气孔张开是通过 ABA 信号转导途径。药理学的证据表明，NO 通过抑制介于蓝光受体向光素和 HAT-Pase 之间的一种物质来参与 ABA 抑制气孔打开。在参与 ABA 抑制气孔张开信号转导过程中，NO 位于双 H_2O_2 下游，这和参与 ABA 诱导气孔关闭信号转导过程的位置类似。关于 NO 和 ABA 对植物衰老调节的相互作用已在前面有所阐述。此外，NO 还参与水杨酸、茉莉酸对植物生长发育的调节作用。

NO 提高植物对非生物胁迫的抗性，一方面通过其抗氧化功能减轻非生物胁迫产生的氧化伤害发挥作用；另一方面，NO 作为信号分子参与抗逆信号转导、诱导抗逆基因表达。

NO 作为一种自由基具有细胞毒害和细胞保护双重功能。其介导的毒害功能主要是它和超氧阴离子反应形成具有强氧化性的过氧亚硝酸阴离子引起的。NO 的细胞保护作用则建立在对活性氧（ROS）水平和毒性的调节上，NO 复杂的氧化还原性质能够调节细胞氧化还原稳态、保护过量超氧阴离子、H_2O_2 和烷基氧化物产生的氧化损伤，而且 NO 分子本身也具有抗氧化的性质。植物在遭受胁迫条件下，体内产生大量 ROS，引起膜脂过氧化、破坏蛋白质、核酸等生物大分子，抑制植物生长。NO 作为信号分子响应胁迫条件而产生，极易透过细胞膜进行扩散，迅速到达叶绿体基质，清除胁迫条件下产生的过量 ROS，使植物免受其害。如外源 NO 能缓解马铃薯因喷施敌草快和白草枯两种除草剂引起的 ROS 产生的氧化伤害；NO 通过提高抗氧化酶的活性减轻干旱和紫外线照射引起的氧化胁迫对马铃薯和豆科植物的伤害；NO 通过提高超氧化物歧化酶活性来清除超氧阴离子，缓解重金属铅、镉及 NaCl 处理对羽扇豆种子萌发及根生长的影响。此外，NO 延缓甲基茉莉酮酸酯诱导的小麦叶片衰老也是通过清除 ROS 而发挥作用的。

植物通过诱导多种基因表达从而促进水分吸收、减少蒸腾等措施来抵御干旱胁迫。NO 能保持离体小麦叶片较高的含水量，减轻干旱胁迫造成的伤害，与对照相比，NO 处理的小麦离体叶片中的离子泄漏显著降低；施用 NO 捕获剂逆转了其上述作用，说明外源 NO 可以提高植物抗干旱能力。后期胚胎丰富蛋白是植物响应干旱胁迫并被认为具有潜在抗旱功能的一类蛋白，Northern-blot 分析表明，NO 处理小麦叶片，后期胚胎丰富蛋白基因的转录水平显著提高，表明 NO 可能通过诱导后期胚胎丰富蛋白的转录或表达提高植物的抗旱性。NO 降低干旱胁迫下的蒸腾作用，提高植物适应干旱胁迫的能力与其参与 ABA 信号转导过程、调节气孔运动有着直接的关系。

盐胁迫是限制农作物产量提高的一个重要因子，它能打破细胞内离子平衡、引起膜功能紊乱、降低代谢活性，次级反应造成生长抑制，最终引起细胞死亡。外源 NO 供体硝普钠（sodium nitroprusside，SNP）可以通过提高小麦叶片的抗氧化能力来缓解盐胁迫下的氧化损伤。低浓度 NO 预处理水稻，能延缓其在盐胁迫和高温胁迫下叶绿素的降解、维持光系统 II 的高活性。研究表明，盐胁迫下 NO 处理玉米幼苗，提高了其根、茎、叶中 K^+ 含量，而降低了 Na^+ 的积累，从而提高了玉米的抗盐性。深入研究其机理为：盐胁迫诱导 NO 产生，NO 通过提高液泡膜 H^+-ATPase 和 H^+-PPase 活性，提高质子转运活性和 Na^+/H^+ 交换运输活性，从而将 Na^+ 泵入液泡，降低过量 Na^+ 对细胞质中代谢酶的毒害，提高玉米的耐盐性；PID 和磷脂酸参与 NO 缓解盐胁迫信号转导过程。另外，Zhang 等人发现 NO 作为中间信号分子通过诱导提高质膜 H^+-ATPase 活性、增加胞内 K^+/Na^+ 而提高杨树愈伤组织的耐盐性。

高温引起干旱和氧化胁迫，从而严重影响植物的生长和发育。高温诱导烟草和虫黄藻内源 NO 含量升高。外源施加 NO 能减轻高温对水稻、芦苇的伤害，而且这种保护是通过激活抗氧化保护酶活性从而缓解高温引起的氧化胁迫而起作用的。钙调素 3（Calmodulin 3，CaM_3）作为一关键组分参与高温胁迫信号转导过程，Xuan 等人发现 NO 作用于 CaM_3 上游，且 RT-PCR 分析表明内源 NO 诱导 At-CaM_3 转录；外源施加 NO 供体 SNP 减轻高温对野生型和 NO 产生下降突变体 noal（rif1）的伤害，而对 CaM_3 突变体没有影响，说明 NO 作用于 CaM_3 上游参与缓解高温对植物的伤害调节。低温特别是零度以下温度是限制植物地理分布和农作物产量提高的主要因素，低温对植物造成的伤害分为冷害（0~15℃ 引起的伤害）和冻害（低于 0℃ 引起的伤害），很多温带起源的植物可以通过冷驯化提高抗冻性。多种信号物质如 ABA、H_2O_2、Ca^{2+} 均参与冷驯化和抗冻的信号转导过程，遗传学、药理学的证据表明 NR 依赖的 NO 通过促进脯氨酸积累参与拟南芥冷驯化过程和抗冻能力的提高。

NO 能维持铁的有效态，促进铁在植物体内的代谢和运输，即使在严重缺铁的条件下也能够完全阻止叶绿素损失。三价铁螯合物还原酶活性上升是缺铁胁迫下促进铁吸收的重要机制。研究表明，NO 参与缺铁条件下三价铁螯合物还原酶活性的上升，且位于生长素下游起作用。NO 聚集是番茄根响应缺铁的分子和生理机制所必需的。

1.5 一氧化氮的检测方法

由于 NO 在生理、药理、病理及临床等方面的研究都有着极其重要的作用，因此准确地测定生物体系中的 NO，已成为进一步探索 NO 功能的必要手段。但要实现对生物样品中 NO 的准确、实时地检测是很困难的，原因在于 NO 在生物体内浓度极低（nmol/L 级），而且是一种性质活泼的自由基小分子气体，具有易逸、不稳定等特性。生物、医学及分析化学工作者对 NO 的检测研究做了大量的工作，创造和建立了许多分析方法。目前，检测 NO 的方法主要有紫外-可见光谱法、化学发光法、电子自旋共振光谱法、电化学方法、色谱法、毛细管电泳法和荧光分析法等。

1.5.1 紫外-可见光谱法

紫外-可见光谱法测定 NO 主要有两种方法：一种是直接法，利用一些有机化合物可与 NO 直接结合，通过改变其吸收峰的位置和吸光度来定量测定 NO，如血红蛋白（Hb）和辣根过氧化物酶。另一种是间接法，通过测定 NO_2^- 和 NO_3^- 的含量来间接反映 NO 水平，如 NO_2^-/NO_3^- 分析法。

1.5.1.1 血红蛋白法

血红蛋白（Hb）法基于 NO 与 Hb 有着较 O_2 和 CO_2 强的亲和力，并且能在 100ms 内将氧合血红蛋白 HbO_2（Fe^{2+}）氧化成高铁（甲基）血红蛋白 MetHb（Fe^{3+}）：

$$Hb(Fe^{2+}) + NO \longrightarrow Hb(Fe^{2+})NO$$
$$HbO_2(Fe^{2+}) + NO \longrightarrow MetHb(Fe^{3+}) + NO_3^-$$

$Hb(Fe^{2+})$ 变成 $Hb(Fe^{3+})NO$ 后，其特征的 Soret 紫外吸收峰从 433nm 移到 406nm，根据此差别，可以检测到 NO 的含量。利用该方法的检测灵敏度可达 10^{-9}mol/L。HbO_2 与 NO 反应快，且不可逆，生成的 MetHb 相对稳定，可进行 NO 动态监测，仪器较普遍，便于实验室开展。但是该方法受样品酸度和 MetHb 稳定性的影响，不但操作过程比较复杂，而且难以排除样品中亚硝酸盐的干扰，所以其选择性受到限制。Kostic 等人用这种方法证明了由于 NO 含量增加引起的局部缺血心肌运动力增强。Kelm 等人采用此方法测定了 NO 和氧自由基的含量分别为 1.24μmol/L 和 1.12μmol/L，但由于氧自由基能使 NO 迅速氧化成 $ONOO^-$ 或 NO_2^-、NO_3^- 等，因此，NO 的实际含量不易检测。这种方法也曾被应用于小白鼠心脏中 NO 含量的测定。

1.5.1.2　NO_2^-/NO_3^- 分析法

NO_2^- 和 NO_3^- 是 NO 体内稳定的代谢终产物，通过测定它们的含量，可以间接检测 NO 的含量。目前常用的方法为 Griess 试剂与 NO_2^- 的反应。

Griess 试剂是对氨基苯磺酰胺、N-(1-萘)乙二胺和盐酸（或磷酸）的总称。在酸性条件下，NO_2^- 与 Griess 试剂中对氨基苯磺酰胺反应生成重氮盐，再与 N-(1-萘)乙二胺偶联生成橙红色化合物，其最大吸收峰在 548nm。反应式如下：

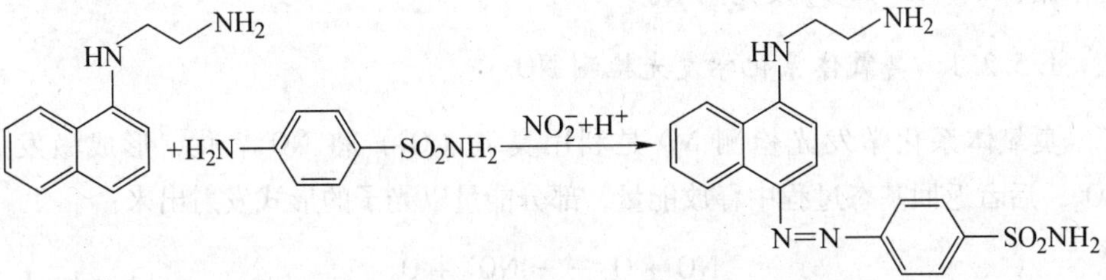

呈色反应强度与 NO 浓度成正比。NO_3^- 可用硝酸盐还原酶或金属镉等还原剂将其还原为 NO_2^-，再与 Griess 试剂反应进行测定。

Verdon 等人将硝酸盐还原酶与 6-磷酸葡萄糖脱氢酶偶联，使得硝酸盐还原酶催化 NO_3^- 和 NADPH 反应生成的 $NADP^+$ 再与 6-磷酸葡萄糖反应生成 NADPH，这样，NADPH 就被循环利用，可使反应体系中的 NADPH 保持在较低浓度，从而避免了 NADPH 对 NO_2^- 重氮反应的干扰。

此外，杨喜民等人报道的分光光度法测定 NO_2^-/NO_3^-，在临床应用也取得了满意的效果。其原理为以镀铜镉将 NO_3^- 还原为 NO_2^-，NO_2^- 与 2,3-二氨基萘（DAN）在酸性条件下反应生成 1-(H)-萘三唑，用分光光度计测定其强度，与 NO_2^- 的浓度成正比。

Guevara 等人利用 NO_2^-/NO_3^- 法测定不同人群血清中 NO_2^- 含量和动脉平滑肌细胞释放的 NO 的含量。

NO_2^-/NO_3^- 法简便、稳定，不需要特殊仪器，线性好，是目前 NO_2^- 研究中应用最广泛的方法。但是由于 NO_2^- 和 NO_3^- 在体内的生成途径并非完全来自于 NO 的代谢，因此方法选择性较差，受干扰因素较多，浑浊、溶血等也严重影响结果，而且灵敏度较低，约为 $10^{-6} \sim 10^{-7}$ mol/L。低灵敏度使得样品不宜做高倍稀释，故所需样品的量较大，常用于测定环境和食品中的 NO_2^-。目前不仅有专门的试剂盒出售，而且根据 Griess 反应制成的 NO_2^-/NO_3^- 自动测定仪也已商品化。

利用 Griess 方法测定 NO 需要注意的是：由于该方法测定的是溶液中的

NO_2^- ，因此可能因为 NO 氧化不充分或成为气相挥发以及由非 L-Arg/NOS 代谢路径产生的 NO_2^-/NO_3^- 而影响测定结果的准确度；另外，由于此法受体系氨类化合物（特别是芳香氨类）和一些还原性金属离子如 Fe^{2+}、V(Ⅲ)等的干扰，用于生物样品测定时误差较大。但这种方法与高效液相色谱（HPLC）相结合可显著提高它的灵敏度与选择性。

1.5.2　化学发光法

化学发光法检测 NO 主要有两种发光体系，一种是臭氧发光体系，另一种是鲁米诺(Luminol)-H_2O_2 发光体系。

1.5.2.1　臭氧体系化学发光检测 NO

臭氧体系化学发光检测 NO 是利用臭氧（O_3）将 NO 氧化，形成激发态 NO_2，后者返回基态过程中释放能量，部分能量以光子的形式发射出来：

$$NO + O_3 \longrightarrow NO_2^* + O_2$$

$$NO_2^* \longrightarrow NO_2 + h\nu$$

发出的光的波长在 660～3000nm 之间，利用敏感的光电倍增管，检测光子的总量，以推算 NO 的含量。此法结合了化学发光的高灵敏度和 NO 与 O_3 反应的高特异性，特别适合于呼出气 NO 含量的测定。NO 的检测限为 1pmol/L～50nmol/L。但由于 NO 与 O_3 的反应是在气态中进行，对于存在于液体中的 NO 必须用惰性气体排出，而液体中的 NO 含量很低，而且金属、玻璃、塑料等固体对 NO 有吸附作用，不易被惰性气体排出。此外，氨、硫、烯烃等气体可与 O_3 反应而发光，二甲亚砜（DMSO）是许多药物的溶剂，大剂量的 DMSO 本身能产生化学发光信号，这些都会干扰实验结果。况且反应条件不容易控制，对光电倍增管的感光范围有特殊的要求。故该法在临床中的应用受到限制。如何进一步改进和完善该方法，是目前 NO 方法学研究的重点。该方法的应用范围相当广泛，可用于监测大气中的 NO，检验药物释放 NO 和人类（及动物）呼出气、血液、尿液、细胞等样品中的 NO 水平，临床上还将其用于监测呼吸、循环系统疾病患者在治疗时吸入 NO 的水平。不能用于体组织、细胞直接检测 NO，是该方法的最大缺陷。

1.5.2.2　Luminol-H_2O_2 体系化学发光检测 NO

Luminol-H_2O_2 体系化学发光检测 NO 被认为是测定 NO 的最好标准方法之一，应用很广。其原理是根据 NO 可被过氧化氢（H_2O_2）氧化生成 $ONOO^-$，而 $ONOO^-$ 作为一种强氧化剂能够与化学发光剂 Luminol（2-氨基邻苯二甲酰肼）反应，使 Luminol 呈激发态，当其返回基态时会发光：

$$NO + H_2O_2 \longrightarrow ONOOH$$

$$ONOOH + Luminol \longrightarrow h\nu$$

因为只有 NO 可以激发这一光化学反应，而 NO_2^- 和 NO_3^- 则不能，所以该方法可对溶液中的 NO 进行实时测定，灵敏度高，其检测限可达 1pmol/L，是具有选择性的专属方法。20 世纪 90 年代初，Kikuchi 等人根据该原理建立了 Luminol-H_2O_2 体系检测灌流离体器官产生的 NO 的化学发光方法。

目前该法已应用于不同生物体系 NO 的测定。Kikuchi 等人采用此方法测定离体灌流的豚鼠肾脏释放 NO 量为 (85 ± 11) fmol/$(g \cdot min)$，其检测限可达 10^{-13} mol/L，可用于多种生物样品测定。Evmiridis 等人采用流动注射分析与化学发光测定相结合的方法，在线测定了 NOS 和精氨酸反应产生的 NO 量，并对检测条件如流速和 pH 值进行了优选，方法快速、灵敏、精密度好。但由于该发光体系中 H_2O_2 对细胞有毒害作用，只能用于活体外组织细胞的检测。另外，由于该法易受金属离子的干扰，限于目前的技术水平，还没有直接检测血液中 NO 含量；而且，如果仅是用灌流的方法来收集 NO，将会使该方法的应用受到极大限制；该法中使用的仪器、设备比较复杂和昂贵。Zhou 等人曾以此体系为基础建立了一种光纤传感器检测 NO，该传感器响应时间为 8 ~ 17s，检测限为 1.3×10^{-6} mol/L。

1.5.3 电子自旋共振光谱法

电子自旋共振光谱（ESR）技术被认为是检测自由基最直接、最特异和最有效的方法。电子自旋共振法的测定原理为：普通分子具有成对电子，电子的自转是左右向平衡的，因而不具有磁性。NO 等自由基分子中具有不成对电子，虽然其左向和右向的自转数相等，但在磁场中该电子的自转方向会发生偏转，从而足以产生温差。吸收微波后可消除上述温差，因而可凭微波的共振吸收波谱测定样品中 NO 的产生量。一般情况下，ESR 法的检测灵敏度约为 10^{-6} mol/L，线性范围为 10^{-6} ~ 10^{-5} mol/L。因 NO 半衰期短，极不稳定，须用适当的捕提剂，如亚硝基类化合物、血红蛋白等与之结合，才能用 ESR 法分析。文献报道，ESR 法检测 NO 常用的捕获剂有两类：一类是 Fe^{2+}-配合物，另一类为对 NO 有高度反应活性的自由基类化合物。

1.5.3.1 Fe^{2+}-配合物

A 血红素类蛋白质

Fe^{2+}-配合物中应用最多的为含 Fe^{2+} 的血红素类蛋白质，主要因为 NO 对其中的 Fe^{2+} 有高度的亲和性，并与 Fe^{2+} 键合成 Fe^{2+}-亚硝酰基化合物，如亚硝酰基血红蛋白（HbNO）、亚硝酰基肌红蛋白（MbNO）、亚硝酰基细胞色素 c 氧化酶、亚硝酰基鸟苷酸环化酶等。这些化合物在低温（如液氮或液氦）下的 ESR 光谱有超精细的三线态结构，而在其他的亚硝基化合物存在下并没有这种超精细结构，根据这种超精细结构可以定量测定这些 Fe^{2+}-亚硝酰基化合物。Greenberg 等人用 ESR 技术测定了 NO 的活性和 NO 在大腿动脉内皮细胞中的含量，检测限达 1nmol/L。但这类化合物对 NO 的特异性差，如在氧气存在下，血红蛋白大部分以氧合血红蛋白（HbO_2）形式存在，HbO_2 与 NO 反应生成 MetHb 和 NO_3^-，干扰测定的准确性。此外，CO 与血红蛋白的反应能力也很强，干扰测定。而且，Fe^{2+} 的血红素类蛋白质捕集 NO 需要在液氮下进行，这对用于细胞体系不太适宜。

B　Fe^{2+}-二硫代氨基甲酸盐类

二硫代氨基甲酸盐类（DTC）与过渡金属有很强的配位能力，用于过渡金属的定性和定量分析已有多年的历史。DTC 在生物体系中有很强的抗氧化活性，可用于治疗有关疾病，已经被应用于临床。在 1962 年，Gibson 首次报道了 NO-Fe^{2+}-$(DTC)_2$ 的电子顺磁共振（EPR）光谱，随后，NO-Fe^{2+}-$(DTC)_2$ 配合物的 EPR 光谱在生物领域中的应用日益增多。目前发展的 DTC 类与 Fe^{2+} 能配位的化合物有：N,N-二乙基二硫代氨基甲酸盐（DETC）、N-甲基-D-葡糖胺-氨基甲酸盐（MGD）和 N-二硫代羧酸肌氨酸（DTCS）等。它们与 Fe^{2+} 的三元配合物（Fe^{2+}-$(DETC)_2$、Fe^{2+}-$(MGD)_2$、Fe^{2+}-$(DTCS)_2$）结合，再与 NO 反应形成多元异配位的配合物（NO-Fe^{2+}-$(DETC)_2$、NO-Fe^{2+}-$(MGD)_2$、NO-Fe^{2+}-$(DTCS)_2$）。在这类配合物中，NO-Fe^{2+}-$(DTCS)_2$ 的光谱信号最强，并具有最好的水溶性，故应用于生物活体中 NO 的检测，效果最好。Fe^{2+}-$(MGD)_2$ 作为自旋探针首次用于检测小白鼠活体中的 NO，并对其进行造影，它也是这类自旋探针中开发最早的一种，它已经广泛用于培养的细胞、组织甚至整个动物动脉中 NO 释放的测定。利用 Fe^{2+}-$(DETC)_2$、Fe^{2+}-$(MGD)_2$、Fe^{2+}-$(DTCS)_2$ 在水中的溶解度不同，可以测定不同的生物样品：Fe^{2+}-$(DETC)_2$ 在水中的溶解度相对较小，其具有的亲脂性使其可以穿过细胞膜，因此，它适合测定细胞内和细胞膜中 NO 的释放；而水溶性较好的 Fe^{2+}-$(MGD)_2$ 和 Fe^{2+}-$(DTCS)_2$ 可以进入生物体的循环体系，可以测定血液、尿液中的 NO，但是它们不能进入脂性的肌体和组织中。

1.5.3.2　自由基类

除了 Fe^{2+}-配合物类探针外，研究者们还开发出了另一类稳定的双自由基自旋捕获剂。自旋捕集技术是为了检测和辨认半衰期短的自由基，将一种不饱和的抗磁性物质，即自旋捕集剂，一般为亚硝基化合物和氮酮，加入到要研究的反应体系中，生成寿命较长的自旋加合物，可以用 ESR 检测。常见的螯合键自旋捕集剂和氮氧自由基即属于此类。螯合键试剂 7,7,8,8-四烷基-O-二甲基醌及其衍生物可捕集 NO 并形成一自由基产物出现特征 ESR 谱图。咪唑啉硝酮氮氧自由基（nitronyl nitroxides，NNO）含有两个功能基：硝酮（nitrone，$N^+ \cdots O^-$）和硝基氧（nitroxide，$N \cdots O^{\cdot}$）。NNO 捕集 NO 后变为亚胺氮氧自由基（imino nitroxides，INO）。NNO 和 INO 在 ESR 光谱图上有明显差别，因此可根据 ESR 光谱图的变化来测定 NO。其捕集原理如图 1.3 所示。这类探针捕集 NO 的特点是反应速度快，专一性强，它只与 NO 反应，不受其他自由基和硝基化合物的干扰，也不受介质 pH 值的影响。但由于探针遇到生物组织或细胞体系时很容易被还原性物质如抗坏血酸、巯基化合物等还原，探针本身信号消失，使其捕捉能力消失，因此应用受到限制。

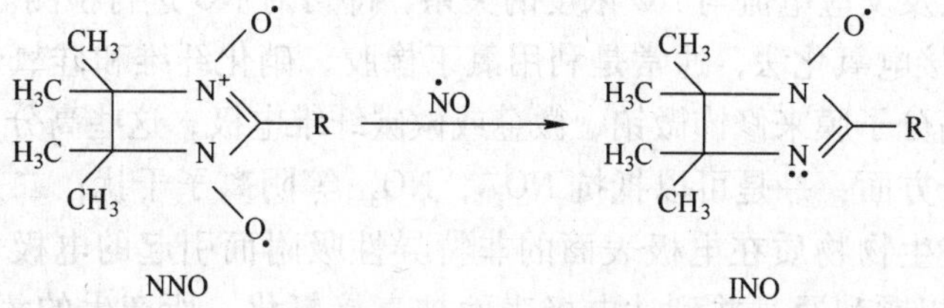

图 1.3 NNO 捕集 NO

ESR 法与 ESR 成像技术结合，将为临床无创监测 NO 代谢变化提供一个极为有效的手段，这对于那些与 NO 代谢有紧密关联的许多疾病的早期诊断及其治疗效果的监测均具有特殊意义。但该方法中商品化自旋探针太少，而且设备昂贵，需要丰富的专业知识，一般实验室难以开展此项工作，而且其灵敏度偏低（10^{-6} mol/L），线性范围较窄（$10^{-6} \sim 10^{-5}$ mol/L），这些都限制了它的应用普及。

1.5.4 电化学法

电化学分析方法由于能对生物体系中释放的 NO 提供直接的、连续的、在线的、原位测定和监视，加上超微电极，甚至纳米电极的研制和应用，因此目前对这方面的研究和应用较多。电化学分析方法测定 NO 的基本原理是：处于 N 元素中间价态的 NO 分子在电极表面既可以在一定电位下得电子变成低价态的含氮化合物而产生特定的电化学响应（电还原），也可以在一定电位下失电子变成高价态的 NO^+ 或 NO_2^- 和 NO_3^- 而产生特定的电化学响应信号（电氧化），从而对 NO 进行定性和定量分析。但 NO 在常规电极上有很大的过电位，这使得其氧化还原峰电位太正或太负，从而不利于其电化学检测。目前的研究主要集中于用化学修饰电极来检测 NO。化学修饰电极（CME）是在电极表面进行分子设计，将某些具有优良化学性质的分子、离子、聚合物设计固定在电极表面，使电极具有某种特定的化学、生物和电化学性质。它具有灵敏度高、响应时间短、选择性好、稳定性和重现性好、电极使用寿命长等特点。CME 在提高 NO 测定的灵敏度和选择性以及实现活体在线检测等方面具有独特的优越性。

1.5.4.1 直接电氧化

在固体电极上，NO 首先发生电化学反应，然后进行化学反应，是电化学反应伴随化学反应的"EC"过程。在电化学反应中，一个 NO 分子失去一电子变成 NO 阳离子(NO^+)（即 $NO-e \longrightarrow NO^+$）。$NO^+$ 是强 Lewis 酸，在水溶液中随即转变成 NO_2^-（即 $NO^+ + OH^- \longrightarrow HNO_2$）。$NO_2^-$ 的氧化电位一般比 NO 的氧化电位正 $60 \sim 80$ mV，采用电位扫描技术或恒电位安培测量，很容易将 NO_2^- 经二电子转移反应氧化成终产物 NO_3^-（即 $NO_2^- + H_2O - e \longrightarrow NO_3^- + 2H^+$）。通过对该反应电流测定以及反应电流与 NO 浓度的关系，即可对 NO 进行检测。

NO 的直接电氧化法，通常是利用氯丁橡胶、硝化纤维和硅氧烷、醋酸纤维和 Nafion 等高分子膜来修饰微铂、微金或微碳纤维电极，这些高分子修饰膜的作用主要有两个方面：一是可以抵抗 NO_2^-、NO_3^- 等阴离子干扰；二是可以防止因蛋白质等一些生物物质在电极表面的非特异性吸附而引起的电极表面钝化。而 NO 小分子可以顺利通过并到达电极表面被直接氧化，所产生的氧化电流与 NO 的浓度成比例关系。

1.5.4.2 电催化氧化

依据 NO 的电催化氧化法制备的 NO 电化学传感器是目前应用最为广泛的一类传感器。NO 的电催化氧化法是将金属配合物和 Nafion 膜等修饰到诸如碳电极、铂电极以及金电极等的表面。这类金属配合物通常是高分子化合物，作为修饰膜既可以阻止干扰物通过，还能降低 NO 电极反应的过电位，起到电催化作用，从而提高 NO 的检测灵敏度。常见的金属配合物有金属卟啉类配合物、金属酞菁类配合物、席夫碱类金属配合物等。其结构式分别如图 1.4 所示。

A 金属卟啉类配合物膜修饰电极

用金属卟啉配合物修饰过的电极能对 NO 有催化氧化作用，从而产生氧化电流，根据氧化电流的强弱来测定 NO 的含量。在这类配合物中，常见的金属离子有 Fe^{2+}、Ni^{2+}、Co^{2+} 等，它们对 NO 在电极上的氧化起着催化的作用。此类传感器中最早的是在 1992 年由 Malinski 和 Taha 用镍卟啉（NiTMHPP）和 Nafion 修饰碳纤维工作电极（直径为 $0.8\mu m$，长为 $6\mu m$，见图 1.5），以饱和甘汞电极（SCE）作参比电极，在电位 0.63 V 处检测 NO 的阳极峰电流。该传感器对 NO 响应速度快（小于 10ms）、灵敏度高、线性范围宽（上限可达 $300\mu mol/L$），检测限达 10nmol/L，超过 NO 浓度 20 倍的 NO_2^- 不影响 NO 的测定，已成功应用于猪动脉单个内皮细胞中 NO 释放的检测。此外该传感器还成功应用于正常血压和高血压动物血管内皮细胞、小鼠脑组织、人体血小板、缺血性小鼠脑动脉、健康

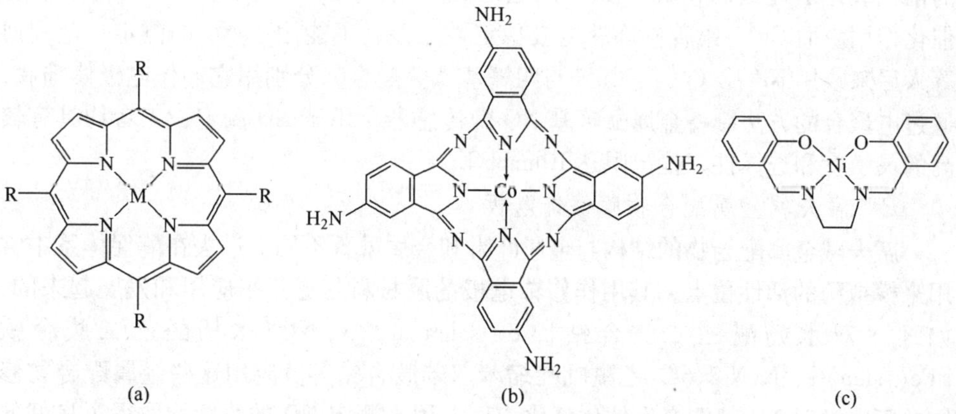

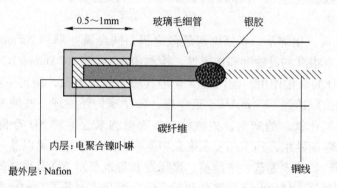

图 1.4 金属卟啉类配合物(a)、金属酞菁类配合物(b)和
席夫碱类金属配合物(c)的结构式

图 1.5 镍卟啉和 Nafion 修饰碳纤维工作电极结构示意图

人体注射乙酰胆碱或缓激肽后血管、极度紧张时血管内皮细胞等中的 NO 检测。

除 Ni^{2+} 外，其他金属离子如 Fe^{2+}、Co^{2+} 等卟啉配合物也可作为电极膜修饰材料，但不同的金属卟啉配合物膜修饰电极测定 NO 时的灵敏度和选择性不同，而且卟啉环中 R 取代基的改变也影响传感器的性能。目前，金属卟啉类配合物修饰电极发展很快，为了适应样品的微量化，这类电极已经超微型化，现在已经研制出用于单细胞内 NO 释放的测定，而且已经商品化。

B　金属酞菁配合物膜修饰电极

金属酞菁类配合物由于具有与金属卟啉类大环配合物相似的结构，其修饰的电极对 NO 的氧化具有明显的催化作用，可以用于测定 NO 的含量。与酞菁配合的金属主要是过渡金属的低价态离子如 Fe^{2+}、Co^{2+}、Ni^{2+} 等，这类金属配合物修饰的电极比金属卟啉类配合物修饰电极稳定性好。Raveh 等人比较了不同的金属酞菁配合物修饰的玻碳电极，结果发现 Ni^{2+}-酞菁配合物修饰的玻碳电极对 NO

的催化氧化活性最高，Fe^{2+}-酞菁次之，Mn^{2+}-酞菁和 Co^{2+}-酞菁对 NO 几乎没有催化作用，而 Cu^{2+}-酞菁修饰的电极稳定性太差，不能用于 NO 的测定。金利通等人后来改用 Ni^{2+}、Co^{2+}、Cu^{2+} 与四氨基酞菁配合，分别用它们作电极修饰膜，通过电聚合的方法制备金属酞菁基 NO 微传感器，用于 NO 测定，三者均具有较高的灵敏度和选择性，检出限达 10nmol/L。

C 席夫碱金属配合物膜修饰电极

席夫碱金属配合物的结构与金属卟啉和金属酞菁不同，过去在酶促体系中常用来模拟酶的活性位点，其用作修饰电极的膜材料是近年来应用和发展起来的，如 N,N-双水杨醛乙二胺合钴 [Co(salen)]，N,N-双水杨醛乙二胺合铁 [Fe(salen)]、N,N-2,6-二乙酰吡啶缩苯双苯胺合钴等。应用这些金属配合物修饰的膜电极对 NO 都能产生催化氧化作用，用来测定 NO 的浓度均取得了良好的结果，不仅稳定性能好、响应速度快（小于 80ms），而且抗干扰能力强、线性范围宽，检出限一般为 10 ~ 20nmol/L。

D 其他

Marilyn 等人用邻苯二氨修饰碳纤微电极，同金属卟啉和 Nafion 修饰的电极相比，它具有很高的灵敏度和选择性，检测限达到（35 ± 7）nmol/L。根据氧合血红蛋白对 NO 的氧化作用，国内科学家将其用来修饰电极，测定生物活体中 NO 的释放，检出限达到 10^{-7}mol/L。近年来，科学家们还发现一些纳米材料如纳米金、纳米二氧化钛、纳米铜、铂微粒、多壁碳纳米管等对 NO 有良好的催化作用。武汉大学胡胜水课题组还发现聚合物薄膜，如聚苯撑乙烯以及一些有机染料分子聚合膜，如聚溴酚蓝、聚硫堇、聚曙红 B 等也都对 NO 有很好的电催化氧化作用。金利通等人应用纳米金溶胶和 Nafion 自组装法制备了一种新型 NO 微 Pt 传感器，并用于实时监测心肌细胞中 NO 在不同药物刺激下的释放过程。他还通过在碳纤维电极（直径为 15μm）表面电沉积铜铂微粒制备了一种 NO 微传感器，其电流响应与 NO 浓度在 80nmol/L ~ 4.8μmol/L 浓度范围内呈良好的线性关系，检出限为 30nmol/L。小鼠心脏中不同药物刺激下 NO 释放量的测量表明该传感器适宜于生物体系中 NO 的定量检测。还有的应用多壁碳纳米管（MWNTs）修饰的 Pt 电极对 NO 的电化学氧化也表现出较高的稳定性和较强的催化性。进一步修饰 Nafion 后，抗干扰能力大大增强。一些其他新型敏感材料的出现也为基于电催化氧化法设计的 NO 电化学传感器提供更多的思路和途径。

1.5.4.3 NO 电催化还原

电化学还原法测定 NO 的原理是：NO 分子中未成对电子可以在适当条件下经一电子的还原反应变成亚硝鎓负离子（NO^-）。与 NO^+ 类似，NO^- 在水相中也不稳定，经化学反应得到终产物 N_2O，若电位更负，还可以还原成 N_2 或其他更低价态的物质。NO 电还原反应的产物受支持电解质、溶液 pH 值和外加电压的影响较大。NO 在常规电极上的还原电位较负，电流响应不灵敏，一般通过在电极表面修饰一些金属配合物来催化 NO 的电化学还原。

结合生物体系特点通过 NO 的还原反应来检测 NO。由于 NO 在裸电极上的还原电位较负，如 NO 裸碳纤维电极上还原为 N_2O 的还原电位大致在 $-1.35V$，通过在电极表面自组装或修饰一些金属配合物，可催化 NO 的还原反应。金属蛋白，如血红蛋白（Hb）、肌红蛋白（Mb）、细胞色素 c（Cyt c）、维生素 B_{12}（VB_{12}）、辣根过氧化酶等为 NO 电催化还原最常见的催化剂，其他的还有 (4'-乙烯基-2,2'，4,4'-四吡啶基) 合铬（Cr(v-tpy)）、高铁草酰胺（ferrioxamine，FOX）、聚中性红（PNR）等。NO 在过渡金属电极上如 Pt、Pd、Ir、Ru、Au、Rh 等也易发生电化学还原，其中 Pd 的催化性最强。但由于 NO 和 O_2 的物理化学性质非常相似，O_2 的电化学还原能严重干扰 NO 的检测，而且 NO 的电催化还原法灵敏度低，其响应的最佳 pH 值不适宜生物体系，这大大限制了 NO 电催化还原法在检测实际样品中 NO 含量的应用，因此电催化还原法对实际样品中低浓度 NO 检测应用较少。报道的应用于生物体系检测有：Maulemans 报道的电化学预处理的碳纤维电极检测大脑皮层中产生的 NO 和 Maskus 报道的修饰 Cr(v-tpy) 的碳纤维电极活体测量脱硝细菌 NO 释放量。

1.5.5 色谱法

色谱法检测 NO 主要分为气相色谱法和液相色谱法。

在气相色谱法中，主要是 NO 与衍生试剂发生反应，生成易挥发的衍生物后，再进入气相色谱中进行分离检测。但是由于 NO 在空气和生物样品中很容易被氧化，因此在该法中很少直接用于检测生物样品中的 NO，主要是通过检测 NO 的代谢产物 NO_2^- 和 NO_3^-，从而间接检测 NO。气相色谱与质谱联用已被成功地应用于 NO 的检测，同时这种方法还被应用于生物活体中 NO 合酶（NOS）活性的测定。

在液相色谱法中主要是应用高效离子色谱法。用离子交换柱或反相柱将 NO_2^- 与 NO_3^- 有效地分离出来，测定 214nm 的吸收度。用该法可以直接测定一些生物样品如血清中 NO_2^- 和 NO_3^- 的含量。这一方法对 NO_2^- 和 NO_3^- 同样敏感，测定速度快，可以在 4min 内完成样品的分析。NO_2^-、NO_3^- 的标准曲线显示在 $2.0 \times 10^{-7} \sim 1.0 \times 10^{-4} mol/L$ 范围内呈线性关系，对 NO_2^- 的检出限约为 $1.0 \times 10^{-7} mol/L$。为了提高方法的灵敏度，可以采用电化学检测生物组织中 NO_2^- 和 NO_3^- 的含量。Bhuiyan 用薄层色谱分析了中药对细胞释放 NO 的影响；Meyer 用液相色谱检测了生物体中的 NO 合酶；Marzinzig 用液相色谱分析了生物样品中的亚硝酸根、硝酸根以及亚硝基硫醇；Woitzik 用液相色谱结合萘二氨检测了大脑中的总 N 含量，检出限达到了 nmol/L 级。

1.5.6 毛细管电泳法

毛细管电泳法由于其高效、快速、样品用量少等特点，近年来被广泛应用于生物样品的分析。但是由于 NO 的挥发性以及半衰期短等特点，毛细管电泳法并不能直接测定 NO。目前主要是通过检测 NO 的代谢物 NO_2^- 和 NO_3^- 间接检测 NO。毛细管电泳法已经被用于全血、血清以及尿样和组织中 NO_2^- 和 NO_3^- 的检测。有文献报道，利用毛细管区带电泳只需 10s 就可以完全分离 NO_2^- 和 NO_3^-。Miyado 等人报道了用微芯片毛细管电泳在 6.5s 实现了亚硝酸根和硝酸根的分离。Moroz 等人则用毛细管电泳激光诱导荧光实现了神经元单细胞中 NO 合酶相关代谢物的检测。

1.5.7 荧光分析法

荧光分析法，又称荧光光谱分析法或荧光光谱法。NO 本身不具有荧光信号，荧光分析法主要是通过引入荧光衍生试剂与 NO 反应，生成与荧光探针自身光学性质不同的化合物，通过荧光探针荧光性质的变化来定性和定量测定 NO。荧光光谱法是细胞内 NO 生物成像中常用的一种方法。荧光分析法具有灵敏度高、选择性好的优点，近年来，NO 的荧光分析法得到了深入和广泛的发展，尤其是基于分子荧光探针的分析法。根据荧光探针与 NO 的反应基团不同，可以将荧光探针分为以下三类：芳香邻二氨类、含有金属离子的荧光探针、螯合物类以及基于氧化还原反应的二氯荧光素类。具体的探针类型及其应用例子将在第二章进行详述。

1.5.8 其他方法

1.5.8.1 环磷酸鸟苷测定法

环磷酸鸟苷（cGMP）检测法测定 NO 的原理是：NO 能活化可溶性鸟苷酸环化酶，使细胞内 cGMP 水平升高，从而产生多种生物效应。因此，cGMP 的形成是 NO 生物活性的体现，通过用放射免疫法测定培养细胞中的 cGMP 的含量，从标准曲线可求出培养细胞释放 NO 的浓度。标准曲线可通过标准浓度的 NO 对培养细胞 cGMP 形成的影响关系来获得。该法在 NO 研究的初期曾广泛被采用，但由于影响 cGMP 水平的因素较多，加之其他 NO 测定方法的发展，近年来已较少采用。在测定血中 cGMP 时要注意心钠素对 cGMP 的影响，只有当心钠素与 cGMP 变化趋势相反或 cGMP 不随心钠素的变化而变动时才有检测意义。cGMP 的检测虽较方便，但 cGMP 还可受 NO 以外的心钠素、缓激肽、前列环素及一氧化碳等的影响。NO 效应也并非完全与 cGMP 相联系，故 cGMP 与 NO 含量的相关特异性不高，因此要慎重考虑检测条件和分析结论。

1.5.8.2 生物检定法

生物检定法（bioassay），也称生物鉴定及生物检验，是用以测定某生物或生物性材料对外来化合物的刺激的反应，借以定性测试该化学药剂是否具有活性，或定量地测定适当的药量。生物检定法是生物学、医学，特别是毒理学的重要内容和基础，在研究新药的过程中，生物检定法起了关键性的作用。

生物检定法被应用于 NO 分析。由于 NO 对内皮依赖性血管舒张起重要的调节作用，它能引起血管张力的变化，因此控制适当的条件，可以用血管张力的变化来反映 NO 水平。该法能客观反映 NO 的作用效果，从生理角度证明内皮细胞 NO 的释放，但是不能对 NO 准确定量。

2 一氧化氮荧光探针

2.1 概述

在一定体系内，当某种物质或体系的某一物理性质发生变化时某种分子的荧光信号可能发生相应改变，这种分子就可称为某一物质或某一物理性质的荧光探针。分子荧光探针的主要功能包括分子识别和将识别信息转换成荧光信号两部分。识别是分子存储和读取分子信息的过程。分子荧光探针能将这种分子结合转换成易检测的荧光信号，而且可在单分子水平上实现原位、实时检测。因此，在化学走向超分子科学并与生命科学、材料科学等学科高度交叉的今天，分子荧光探针得到各研究领域的广泛关注。

目前报道的分子荧光探针的识别目标从最简单的质子到手性分子、蛋白质、寡聚核普酸序列等，是千差万别的。荧光分子探针是一个十分活泼、精彩纷呈，但又充满着未知和挑战的新研究领域。通常评价分子荧光探针的性能主要考虑灵敏性、选择性、实时性和原位监测性能四方面因素。灵敏性中包括许多因素：（1）探针与目标分子的结合强度是识别灵敏性的前提；（2）识别信息的荧光信号转换效率同样影响识别灵敏性，荧光增强型探针一般会比荧光猝灭探针灵敏性高；（3）荧光团的荧光波长、量子产率、斯托克斯位移、荧光背景干扰等均会影响探针的检测灵敏度；（4）灵敏性还与其性能有关。选择性主要取决于探针与被目标分子的结合选择性：有时某些被结合客体可直接影响荧光团的荧光发射性能，在这种情况下识别选择性还与被结合的客体性质有关，探针对目标分子的专一选择性是最好的。实时性主要包括识别响应的速度和可逆性两方面，如果可逆响应的速度快于或与被检测客体的变化速度相匹配，则可称之为实时响应探针（传感器）。原位检测性能主要取决于探针分子与被检测体系的相溶性，探针能以独立的分子状态分散于检测体系并发出识别信号。从实际情况来看，水溶性比非水溶性探针好。其实在一定限度内，荧光探针检测的空间分辨率取决于仪器。

2.1.1 荧光分子探针识别机理

2.1.1.1 光诱导电子转移

在各种阳离子分子荧光探针中，利用光诱导电子转移（photoinduced electron transfer，PET）原理设计的分子荧光探针最为常见。这类探针设计原理明确，特别是对于碱金属、碱土金属和氢离子通常都可获得荧光增强的探针。典型的 PET 荧光探针体系是由具有电子给予能力的识别基团，通过连接基团和荧光基团相连，三部分构成的功能分子。其中荧光团的功能是光吸收和荧光信号的发射，并且它的发射强度与识别基团的结合状态相关。识别基团的功能是结合客体并将结合信息传递给荧光团。这两部分被连接基团相连成一个分子并且使识别信息有转化为荧光强度的变化。在 PET 分子荧光探针中，识别基团与荧光团之间的识别信息与荧光信号之间的转化是靠光诱导电子转移完成的。PET 分子荧光探针的具体工作过程如下：具有电子给予能力的识别基团能够将处于最高能级的电子转入激发态荧光团因电子激发而空出的电子轨道，使被光激发的电子无法直接跃迁回原基态轨道发射荧光，导致荧光团的荧光猝灭。而当识别基团与客体结合后，降低识别基团的给电子能力，PET 过程被减弱或不再发生，使荧光团的荧光发射增强。因此在未结合客体之前，探针分子不发射荧光，或荧光很弱。一旦受体与客体结合，荧光团就会发射出荧光。已报道的 PET 荧光开关分子中，多数都是以脂肪胺及其衍生物或芳胺及其衍生物作为识别基团，同时作为 PET 的电子给体（荧光淬灭基团）。荧光团和识别基团之间的连接基一般是亚甲基、乙撑基或丙撑基等短链烷烃，过长的连接基将使 PET 效果变差。

Desilva 课题组利用多种荧光团，设计了大量的 PET 分子荧光探针，用于氢离子、碱金属或碱土金属等的识别，并将荧光开关作为分子逻辑门器件。钱旭红等人合成了以 4-氨基-1,8-萘酰亚胺衍生物为荧光团的氢离子 PET 荧光探针，被 Molecular Probe 公司推广为细胞酸性内脂质探针。大多数 PET 分子荧光探针的设计是基于受体与客体的结合，使 PET 过程受到抑制，荧光团发射出强荧光的原理设计的。但是当探针与过渡金属或重金属原子结合时，由于其外层 d 电子的氧化还原行为，也能发生能量转移猝灭。总之，氢离子、碱金属以及碱土金属离子通常都可以根据 PET 原理设计出荧光增强的探针，过渡金属或重金属离子识别时情况则较为复杂。此外，PET 探针也可以用于中性分子识别，比如 Nagano 等人曾设计了以荧光素为荧光团的 PET 探针用于单线态氧的检测（见图 2.1）。

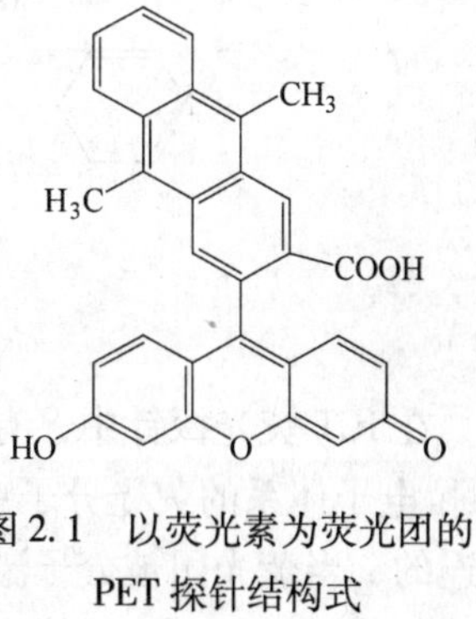

图 2.1 以荧光素为荧光团的 PET 探针结构式

2.1.1.2 分子内共轭电荷转移

分子内共轭电荷转移（intramolecular charge transfer，ICT）荧光探针的荧光团具有强的推-拉电子体系，电子供给体与电子的接受体共轭相连，在光的激发下，电子会由供体向受体转移。ICT 探针中客体受体单元往往是推-拉电子体系整体中的一部分，多数情况是电子的供给体，但也有可能是电子的接受体。当受体单元与客体结合时，显然会对荧光团推-拉体系产生影响，减弱或增强分子内电荷转移，从而导致荧光的变化。

图2.2(a)是典型的 ICT 荧光化合物，以氮杂冠醚作为受体，同时也是推-拉电子体系的电子供给体。当冠醚与碱土金属离子如 Ca^{2+} 络合时，离子的拉电子效应降低了冠醚氮原子的供电子能力，因此发生了荧光的蓝移，且荧光增强。

受体单元为图 2.2(b)所示的化合物的 ICT 荧光探针，是以吡啶氮原子为荧光团的荧光受体，同时也是氢质子的电子受体，当吡啶氮原子与氢质子结合后，拉电子能力增强，故荧光发生红移。多数的 ICT 荧光化合物在与客体结合后荧光都会发生一定的移动，但荧光强度往往没有什么大的变化。但是图 2.2(c)所示的化合物是一个特例，在其冠醚受体结合 Mg^{2+} 后荧光增强了 2250 倍。

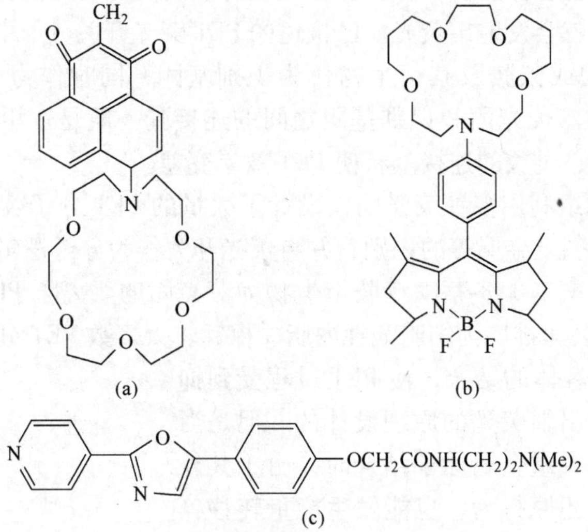

图 2.2 三种 ICT 荧光探针

在 ICT 荧光探针中，有一种被称为扭曲的分子内电荷转移（TICT）。在具有推-拉电子体系的荧光分子中，如果推电子（如二甲氨基）是通过单键与荧光团相连的，当荧光团被分子激发时，由于强烈的分子内光诱导电荷转移，导致原来与芳环共平面的电子给体绕单键旋转，而与芳环平面处于正交状态，原来的共轭体系被破坏，部分电荷转移变为完全的电子转移，形成 TICT 激发态，这时原有的荧光被淬灭。但 TICT 激发态由于正负电荷完全分离，具有非常高的极性，因此强极性溶剂有利于 TICT 激发态的形成，而且由于在强极性溶剂中 TICT 态的能量低，波长大幅度红移，并使其与处于低能级的三线态或基态的能隙大大缩小，大大增加了非辐射跃迁的几率，因此，TICT 态往往是无荧光或者是发射非常弱的长波长荧光，少数情况下出现 TICT 与 ICT 双重荧光状态。由于 TICT 荧光对环境效应非常敏感，因此常常被用于监测环境，比如胶束、囊泡、环糊精、分子筛、细胞膜等中的极性、黏度、温度等。最典型的 TICT 荧光化合物是 4-(N,N-二甲基)氨基苯腈（见图 2.3(a)），在极性溶剂中发射双重荧光。一些带有二烷基氨基的经典化合物，如 7-二甲基香豆素、NileRed（见图 2.3(b)）、Rhodamine 等，都呈现出对环境效应的敏感性，都可以用作微环境荧光探针。TICT 荧光化合物也可以用于水溶液中小分子有机化合物的识别，通常需要与环糊精共同使用。例如著名的 TICT 荧光化合物 ANS（苯氨基萘磺酸，见图 2.3(c)），在含有糊精的水溶液中，可以进入环糊精空腔的内部，由于环糊精空腔内部的微环境的极性远远小于外部的水相，因此 ANS 不能形成 TICT 激发态，当有尺寸合适的有机小分子存在时，会与 ANS 竞争，将 ANS 逐出环糊精内部空腔，进入水相，光激发是形成 TICT 态，荧光减弱，并大幅度红移。

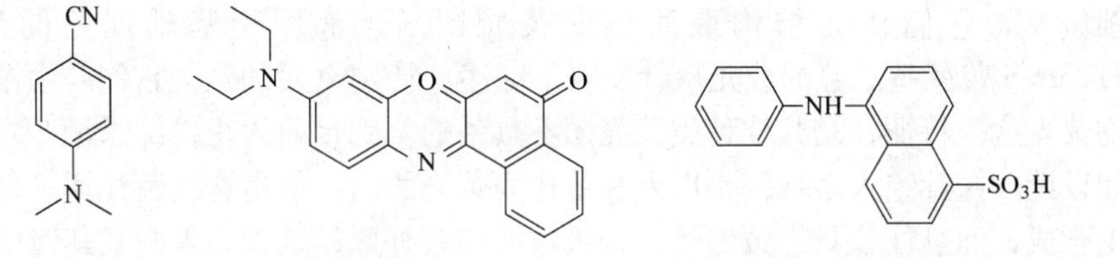

图 2.3　三种 TICT 荧光探针

2.1.1.3　激基缔合物

当两个相同的荧光团，如多环芳烃萘、蒽和芘等连接到一个受体分子的合适位置时，其中一个被激发的荧光团（单体）会和另一个处于基态的荧光团形成分子内激基缔合物。它的发射光谱不同于单体，表现为一个新的、宽而强的、长波无精细结构的发射峰。由于形成这种激基缔合物需要激发态分子与基态分子达到"碰撞"距离约 0.35nm，因此荧光团间的距离是激基缔合物形成和破坏的关键。所以利用各种分子间的作用力改变两个荧光团间的距离，如用结合客体前后单体/激基缔合物的荧光光谱变化表达客体被识别信息。萘、蒽和芘等荧光团由于具有较长的激发单线态寿命，易形成激基缔合物，常常被用于此类探针。

2.1.1.4　荧光共振能量转移

当能量给体荧光团与能量受体相隔的距离远大于两者的碰撞直径时，只要两者的基态和第一激发态的振动能级间能量差相当，或者说能量给体荧光团的发射光谱与能量受体吸收光谱能有效地重叠，仍然能够发生从能量受体到能量受体的非辐射能量转移。这是一种偶基—偶基耦合作用的能量转移过程。荧光共振能量转移的效率反比于能量给体荧光团与能量受体距离的六次方。实际上能量给体荧光团与能量受体发射能量转移的条件是很苛刻的，两者除了光谱重叠外，还必须以适当的方式排列，距离足够近。能量受体可以是荧光团，也可以是荧光淬灭团。对于前一种形式，激发能量给体荧光团时，由于能量转移，将观察到能量受体的荧光发射；而后一种情况，只能观察到能量给体荧光团的荧光被能量受体淬灭。

2.1.2 荧光探针常见的荧光团

2.1.2.1 稠环芳烃

以蒽、芘为主要代表的稠环芳烃类一般都是具有强而稳定的荧光，在荧光探针领域里，它们作为结构最简单的荧光团，经常用于基础理论的研究。L. Fbabrizzi 曾就基于蒽的荧光探针发表了综述。特别重要的是，它们产生激基缔合物荧光这一特征，是其他种类荧光团不具备的。到目前为止，给予激基缔合物原理设计的探针绝大多数都是以蒽和芘作为荧光团的。但是这类荧光团一般不能人工合成，而且往往具有致癌性，且吸收波在紫外区，这大大限制了其使用。

2.1.2.2 呫吨类荧光染料

呫吨类的染料主要包括荧光素和罗丹明两类经典的荧光染料，其特点是荧光量子效率高，因此在生物医学用荧光探针领域应用非常广泛。但是，它们的缺点也很明显，其斯托克斯位移小，对环境因素如 pH 值、温度等很敏感，特别是 pH 值，它们不适合在中性和酸性条件下使用，而且当它们与生物大分子结合后，荧光淬灭非常严重，达 60% ~ 90%。尽管如此，由于目前还没有合适的替代品，它们在生物医学上仍然是应用最广泛的荧光团。荧光素类的探针目前只有萘环荧光素是处于近红外光谱区，多数罗丹明激发和发射波长是在 600nm 以下的。但近年来也出现了新型的近红外罗丹明荧光染料，如罗丹明 800（见图 2.4(a)）和德克萨斯红（见图 2.4(b)）。在生物分析上，罗丹明 800 曾用于血浆中的 2-丙基戊酸的检测以及对鸡肉组织进行荧光偏振示踪，它也被用于研究小鼠线粒体膜电势。德克萨斯红在生物分析上也有一些应用。德克萨斯红及其衍生物还在核酸序列分析中被用来标记引物、脱氧核苷酸及二脱氧核苷酸。美国的分子探针公司推出了一系列的 Alex Fluoro 的呫吨类荧光探针，其波长范围可从可见光区到近红外光区。由于这类 Alex Fluoro 荧光探针中含有磺酸基，因此水溶性好，适合生物样品的标记和分析。另外，磺酸基的引入提高了分子的极性，降低了其在水中的聚集。

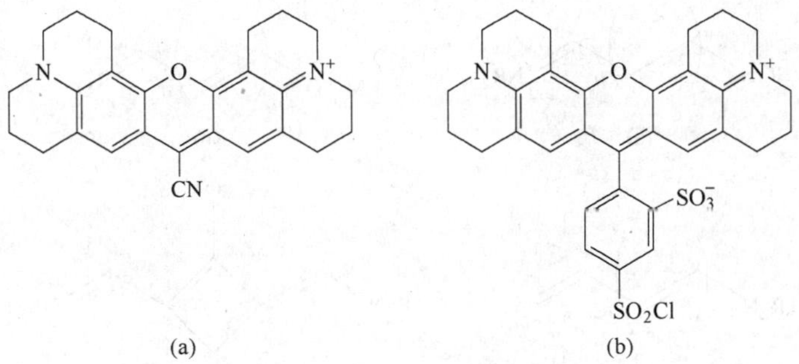

(a)　　　　　　　　　　　　(b)

图2.4　罗丹明800(a)和德克萨斯红(b)结构式

2.1.2.3　菁染料

菁染料是近年来很受青睐的生物大分子标记荧光染料。1856年，Williams发现了第一个菁染料。早期的菁染料最重要的用途是作为光谱增感剂应用于卤化银照相乳剂中，扩大卤化银微粒的感光范围并提高感光度。近年来，由于菁染料具有摩尔吸收系数大、光谱波长处于近红外光谱区的优点，已逐渐成为近红外荧光分析领域最重要的几类探针之一。而且由于在其结构中有较大的共轭平面和季铵盐阳离子，因此与DNA有很高的亲和力，易于与DNA结合，而且结合后荧光大大增强。这正是荧光素和罗丹明不具备的特点。菁染料的另外一个特点是波长可调范围大，可以进入近红外区，有效避开了生物体系的自发荧光，提高探针的灵敏度。但是，菁染料的最大缺点是光稳定性差，很容易分解，荧光量子产率低，这大大制约了其应用。

菁染料种类繁多，结构各异。如图2.5所示，其基本的结构是由两个氮原子中心构成，其中一个氮原子带正电荷，通过含奇数个碳原子的共轭甲川链与另一个氮原子相连，构成具有"推-拉"效应的共轭多烯，共轭多烯的两端接上R基，R基通常为吲哚、噻唑、恶唑、苯并噻唑、苯并恶唑等杂环。这种共轭多甲川链的结构单元则构成了所有菁染料的基本结构。根据共轭多甲川链所带的电荷不同，又可把菁染料分为以下四种：（1）带正电的共轭多甲川链—花菁和半花菁（hemicyanine）；（2）带负电的共轭多甲川链—氧杂菁（oxonol dyes）；（3）中性共轭多甲川链—部花菁（merocyanine）；（4）两性共轭多甲川链—方酸菁（squaraine）。

菁染料标记生物样品主要有以下几种方式：

（1）通过静电/疏水作用等以非共价键的形式与生物分子相结合；

（2）通过在菁染料的母体上接入活性基团以共价键的形式直接与生物分子结合进行测定；

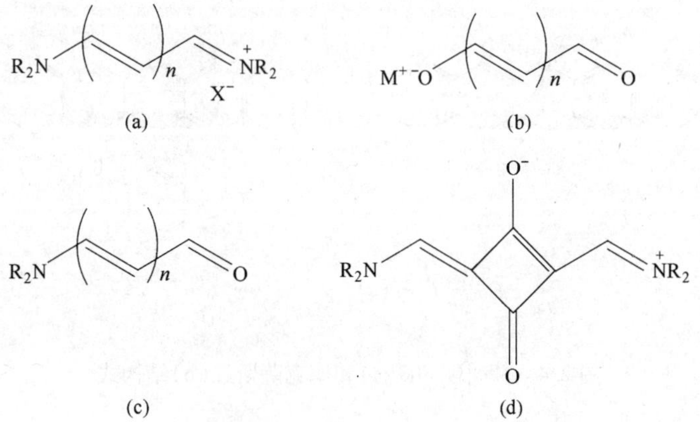

图 2.5 菁染料结构式

(a) 带正电的共轭多甲川链—花菁和半花菁 （X = Br, I, ClO₄）；

(b) 带负电的共轭多甲川链—氧杂菁 （M = Na, K）；

(c) 中性共轭多甲川链—部花菁；(d) 两性共轭多甲川链—方酸菁

（3）通过活性基团与一些生物分子形成生物结合物，利用这种结合物来分析研究生物样品。常见的活性基团包括键合氨基的基团，如 N-羟基琥珀酰亚胺、异硫氰酸酯，以及键合巯基的基团，如碘乙酰胺、马来酰亚胺等。

菁染料中噻唑橙及恶唑橙二聚体和单聚体常被用于 DNA 分析。二聚体称为 TOTO 系列染料，也称为菁染料对称二聚体，包括四种结构：POPO-3、BOBO-3、YOYO-3、TOTO-3，如图 2.6(a)、(b) 所示。它们本身荧光较弱，但和核酸标记后 TOTO 和 YOYO 的荧光强度分别增加 1100 倍和 3200 倍。研究发现这类探针是以双齿嵌入到 DNA 双链中的。POPO-3、YOYO-3 在双螺旋 DNA 上，每 10 个碱基对结合一个染料分子，检出限可达 10^{-24}mol。

单聚体包括 PO-PRO-3、BO-PRO-3、YO-PRO-3、TO-PRO-3、TO-PRO-5 等五种 （见图 2.6(c)、(d)）。这类荧光探针本身荧光较弱，标记 DNA 后荧光显著增强，是流式细胞计中检测 DNA 的有效荧光染料。Flanagan 等人合成了一系列重原子 （X = F、Cl、Br、I） 修饰的七甲川菁染料 （见图 2.7(a)），具有不同的荧光寿命，可用于 DNA 序列分析。而 3,3'-二乙基苯并噻唑碳菁染料（DiSC₂(5)、见图 2.7(b)）最大吸收波长为 647nm，在含有重复 A-T 碱基对的双螺旋 DNA 存在下，光谱分析表明，最大吸收波长从 647nm 移至 590nm。

在 DNA 序列分析中，也用到了许多花菁染料。Chen 等人合成了含有 N-羟基琥珀酰亚胺活性酯类花菁染料用于标记寡聚核苷酸 M13 引物，用毛细管电泳-激光诱导荧光检测 （CE-LIF），检出限为 10^{-10} mol/L，且可用作 DNA 杂交探针。IR-144 也可用于 DNA 序列分析，每次可分析样品中大约 500 个碱基对，能检测

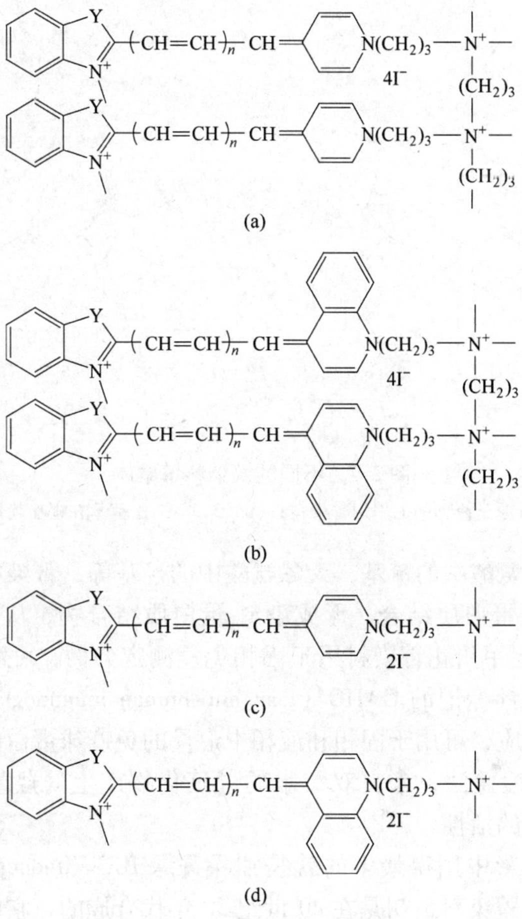

图 2.6　常用于 DNA 分析的菁染料

(a) POPO-3（Y = O, n = 1）或为 BOBO-3（Y = S, n = 1）；

(b) YOYO-3（Y = O, n = 1）或为 TOTO-3（Y = S, n = 1）；

(c) PO-PRO-3（Y = O, n = 1）或为 BO-PRO-3（Y = S, n = 1）；

(d) YO-PRO-3（Y = O, n = 1）或为 TO-PRO-3（Y = S, n = 1）或为 TO-PRO-5（Y = S, n = 2）

到 0.1～1fmol 的 DNA 片段。噻绿（TAG）也是一个测定低浓度 DNA 的有效荧光探针，它和 DNA 结合后，荧光增强了 100 倍。

荧光免疫分析是将免疫学反应的特异性和荧光技术的敏感性相结合的一种方法。其基本原理是将特异性的抗体或抗原标记上荧光基团使之成为特异性试剂，与相应的抗原或抗体结合，形成抗原抗体复合物，再用荧光检测仪器检测荧光现象及各种荧光参数，从而以荧光为信使，获得样品中抗原或抗体的分布、浓度等信息。由于抗原、抗体蛋白质中含有众多反应基团，如赖氨酸的 ε-氨基，胱氨

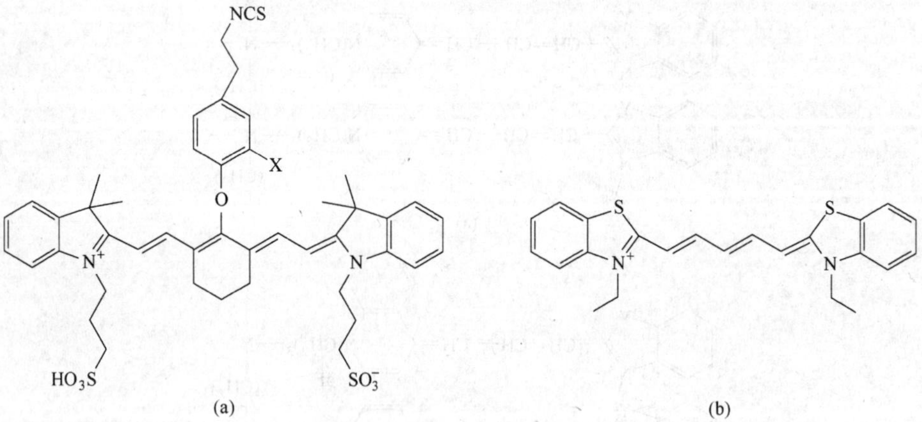

图 2.7　不同的菁染料单聚体

（a）重原子修饰的七甲川菁染料；（b）3,3'-二乙基苯并噻唑碳菁染料

酸、半胱氨酸、蛋氨酸中的巯基，天冬氨酸中的羟基等，菁染料可通过活性反应基团与抗体或抗原蛋白质结合，形成染料-蛋白质结合物，从而进行检测。Williams 和 Peralta 把七甲川花菁染料用于固相免疫测定方面，可测定痕量人体免疫球蛋白。用荧光探针标记的 GAHG（goat anti-human immunoglobulins）和人免疫球蛋白发生免疫反应，可用于固相和液相中痕量的免疫球蛋白的荧光检测。基于夹心（sandwich）检验法，来自双氧水的过氧化物产生的羟基对荧光有猝灭作用，可用来检测酶的活性。

在生物组织造影中用得最多的就是吲哚菁绿 ICG（indocyanine green，见图2.8），这种七甲川菁染料最初是在 20 世纪 50 年代合成的，它以非共价的形式与组织结合，由于它对细胞组织的低毒性，因此被普遍用于临床活体组织的荧光造影。近年来更是作为动物中和人体癌症组织的检测。

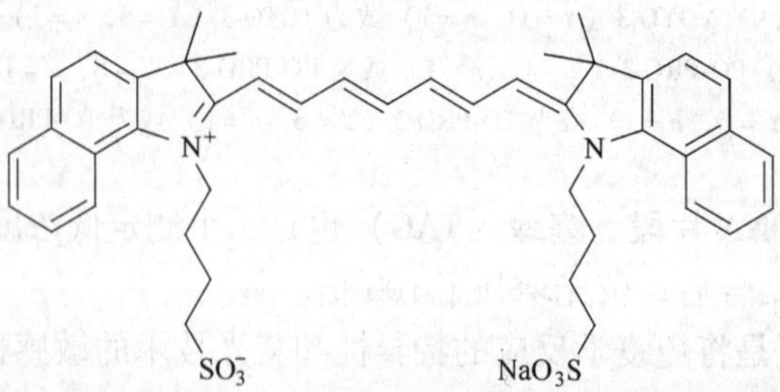

图 2.8　吲哚菁绿结构式

其他的一些花菁也被用于体内癌症的检测。为了提高选择性，一些染料-生物结合物也被合成用于组织的造影和疾病的检测。最早将菁染料用于检测癌症是

采用了花菁-单克隆抗体的结合物来特异性标记癌症组织。Weissleder 等人也创新性地用活性蛋白酶-近红外花菁的生物结合物来检测癌症。由于许多癌症都会过多地表达一些小肽的受体（receptors），如生长激素抑制素（somatostain）等，因此 Licha 等人合成了用五甲川和七甲川花菁与生长激素抑制剂的结合物，并将其用于癌症造影。叶酸（folate）受体也是许多癌症特异性表达的，因此花菁-叶酸结合物也被用于癌细胞的检测（见图 2.9）。

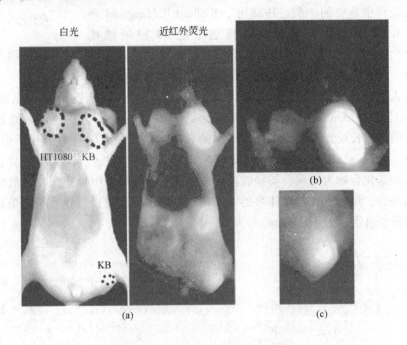

图 2.9　花菁-叶酸结合物用于活体成像

（a）花菁-叶酸荧光探针静脉注射 24h 后进行白光和近红外荧光成像（对叶酸呈阳性的
KB 肿瘤被植入右胸腔和下腹部，对叶酸呈阴性的 HT1080 肿瘤被植入左胸腔）；

（b）胸腔肿瘤成像放大图（对比与 HT1080 肿瘤，对叶酸呈阳性的 KB 肿瘤
显示强荧光信号（荧光强度差别 2.7 倍））；

（c）下腹部 KB 肿瘤成像的放大图（1mm）

2.1.2.4　二氟化硼-二吡咯甲烷类

二氟化硼-二吡咯甲烷（BODIPY）类荧光团于 20 世纪 60 年代首次被合成，在 90 年代中期才有 Molecular Probe 公司推出的新型 BODIPY 荧光剂。近二十几年来，BODIPY 类荧光探针受到广泛重视并得到了迅速发展。研究发现，BODIPY 类的荧光染料具有较高的摩尔吸光系数（$\varepsilon > 80000 \text{cm}^{-1} \cdot (\text{mol} \cdot \text{L}^{-1})$）、较高的荧光量子产率、荧光对溶剂的极性和 pH 值均不敏感、荧光光谱峰宽窄、荧光寿

命长、光稳定性好等特点。1968 年，Treibs 等人首次利用吡咯甲醛与吡咯缩合，再与乙醚三氟化硼反应，合成出二氟化硼-二吡咯甲烷（BODIPY），它们的母体结构如图 2.10 所示。当母体环上的取代基为烷基时，BODIPY 系列染料为绿色荧光染料；当母体环中添加其他的共轭结构时，BODIPY 的荧光则可以红移至近红外区，因此这类荧光染料也是近红外荧光染料中重要的一类。1988 年，Richard P. Haugland 和 Hee C. Kang 等人发表专利文献描述了近 50 种新结构 BODIPY 的合成，并给出了相应的谱图数据。首次在 BODIPY 的母体结构上引入了羧基，大大提高了 BODIPY 的应用价值。

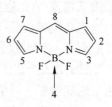

图 2.10 BODIPY 的母体结构

令人关注的是，他们在 BODIPY 母体的 3 位引入了苯乙烯基（见图 2.11 (a)），还在 1、3 位上引入了两个苯基（见图 2.11(b)），合成了两种波长超过 600nm 的长波长荧光染料，为 BODIPY 的合成向长波长方向努力迈开了第一步。1995 年，Richard P. Haugland 和 Hee C. Kang 为了合成更长波长的 BODIPY，采用邻苯二羰基化合物为原料，与羟胺反应，生成了异吲哚二甲烯化合物，然后与三氟化硼络合，形成了大共轭体系的 BODIPY（见图 2.11(c)）。这类荧光染料的最大发射波长甚至超过了 700nm。

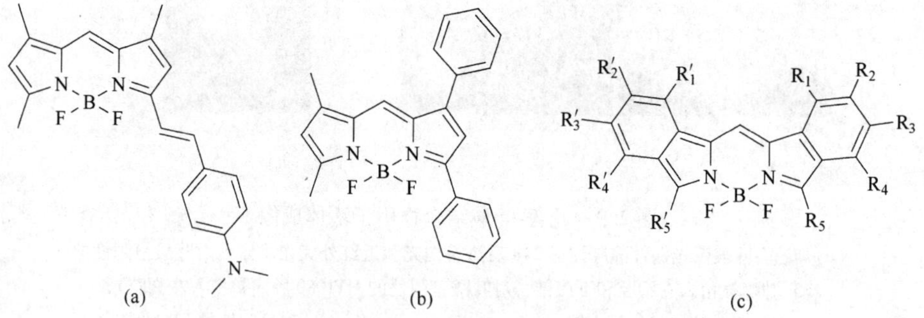

(a) (b) (c)

图 2.11 三种 BODIPY 荧光探针

尽管 BODIPY 荧光染料有诸多的优点，但也还有一些不尽如人意的地方。如 BODIPY 的合成收率一般都很低、提纯比较麻烦，难以引入活性基团，增加了应用难度。近年来一些含有不同活性功能基团的 BODIPY 也相继被合成，如活性酯类、羧酸类等。长波长的 BODIPY 的量子产率相对较低，合成难度更大，因此在生物分析上的应用也才刚刚开始，以上问题都有待于今后的工作来逐步解决和完善。

2.1.2.5 四吡咯荧光染料

卟啉、酞菁等是近红外荧光中一类重要的探针，带有四吡咯基团。卟啉一般由 4 个吡咯环和 4 个亚基组成（见图 2.12（a）），是一类特殊的大环共轭芳香体系，自然界中存在许多天然卟啉及其金属配合物，如血红素、叶绿素、维生素 B12、细胞色素 P-450、过氧化氢酶等。天然卟啉化合物具有特殊的生理活性。人工合成卟啉来模拟天然卟啉化合物的各种性能一直是人们感兴趣和研究的重要课题。由于卟啉化合物独特的结构及优越的物理、化学、光学特征，使得卟啉化合物在仿生学、材料化学、药物化学、电化学、光物理与化学、分析化学、有机化学等领域都具有十分广阔的应用前景。目前，卟啉探针主要用于研究生物大分子如 DNA 和蛋白质的结构、性能与功能等，卟啉以小分子形式与它们作用，通过荧光、磷光等光谱技术，测定其性能的变化和结构的改变。

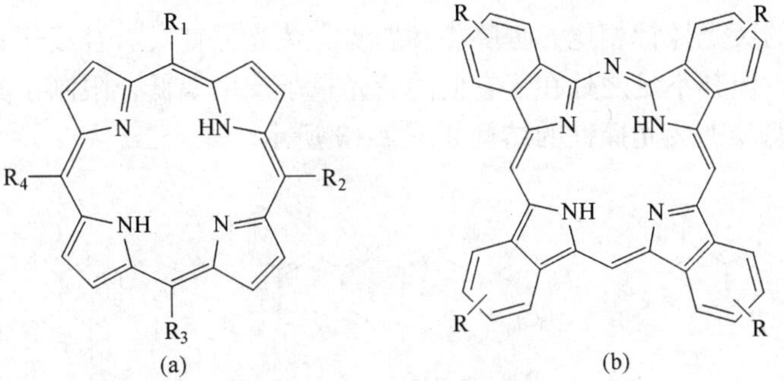

图 2.12　卟啉(a)及酞菁(b)的结构式

酞菁（见图 2.12(b)）的问世已有近百年的历史，它具有独特的物理化学性能，是一个大环化合物，环内有一个空穴，空穴的直径约为 2.7×10^{-10} m，可以容纳铁、铜、钴、铝、钙、钠、镁、锌、硅等多种金属元素。酞菁化合物可以看做是四氮杂卟啉的衍生物，酞菁环本身是一个具有 18 个 π 电子的大 π 体系，因此其上电子分布的密度相当均匀，以致分子中的 4 个苯环很少变形，且各碳—氮键的长度几乎相等。其荧光光谱位于 600～700nm，随着苯环的并入而形成萘酞菁，其荧光光谱进一步红移至 700nm 以上。酞菁有 2 个主要吸收带：紫外区的 B 带和可见及近红外区的 Q 带，其吸收强弱与卟啉相反。酞菁的 B 带为弱吸收而 Q 带吸收较强。Q 带受稠环个数、取代基数目的影响，一般分布于 650～850nm，较卟啉 Q 带红移 100～200nm。与卟啉相比，酞菁对光、氧和热有较好的稳定性。这类染料在有机光导体、电子照相、激光印刷系统中有广泛应用。在光动力学疗法中作为光敏剂也有报道。水溶性酞菁以其独特的吸收和荧光特性在生化分析中的应用正日趋广泛。较深的色光和对蛋白质非特异性的强吸附使其被用作新型的蛋白质染色剂；较高的荧光量子产率和较大的斯托克斯位移（大于 300nm）使其在荧光免疫分析中被用来标识抗体或在 DNA 杂交中用作 DNA 探针。陈小兰等人以四胺基铝酞菁为红区荧光底物，建立了测定过氧化物酶和过氧化氢的荧光分析方法。许金钩研究组以四磺酸基铝酞菁为荧光探针，建立了血清蛋白、白蛋白及球蛋白连续测定的方法，并研究了酞菁与牛血清白蛋白的相互作用。该课题组还分别以四胺基铝酞菁、四磺酸基铝酞菁为荧光探针建立了测定强酸和溶液 pH 值的荧光分析方法。在疾病诊断组织造影方面，为了提高选择性，也将四吡咯的荧光探针与一些生物分子相连形成生物结合物，这些生物分子包括抗体、抗体片断、多肽、血清蛋白、雌激素等。酞菁类染料的缺点是合成中溶解度小、体积大，会影响生物分子其他性能，这些都限制了它们在生物分析上的更广泛的应用。

2.1.2.6 噻嗪类和恶嗪类荧光探针

与以上的荧光探针相比，噻嗪类和恶嗪类荧光探针具有合成比较容易、分子较小等优点，但其不足之处在于它们的荧光量子产率偏低，限制了其应用。常用的噻嗪类和恶嗪类荧光探针的结构如图 2.13 所示。

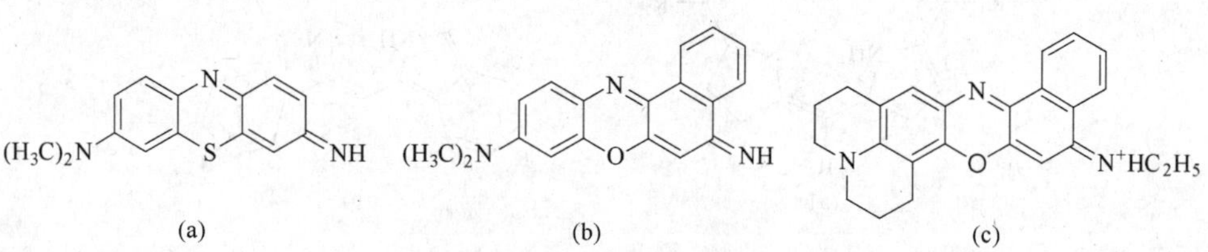

图 2.13 噻嗪类和恶嗪类荧光探针的结构
(a) 天青 B；(b) 耐尔蓝；(c) 恶嗪 750

噻嗪类染料和恶嗪类染料均含有可用来进行标记的氨基基团，目前常用的这类染料主要有天青 B（见图 2.13(a)）、耐尔蓝（见图 2.12(b)）、亚甲基蓝、恶嗪 750（见图 2.13(c)）等。耐尔蓝衍生物用于羧酸的 HPLC-LIF 分析检出限可达到 3.98×10^{-11} mol/L，对于血浆中芳香酸检出限为 7.33×10^{-11} mol/L。耐尔蓝在核酸分析中也有一些应用。耐尔红可非共价地标记蛋白质，检出限可达到 0.1 ng/mL（倍噪比 S/N = 3）。Imasaka 合成带有 N-羟基琥珀酰亚胺活性酯的天青 B 类化合物，用于氨基酸的衍生分离，LIF 检测，其检出限可达 fmol 级。

2.1.2.7 稀土配合物荧光探针

许多三价的稀土镧系元素如 La^{3+}、Eu^{3+}、Tb^{3+}、Nd^{3+}、Yb^{3+} 等易形成稳定的金属有机配合物，这些配合物具有特定的光谱性质。特别是 Eu^{3+} 和 Tb^{3+} 的配合物广泛受到人们的关注，许多不同结构的这类稀土配合物被合成。由于这类 Eu^{3+} 和 Tb^{3+} 的配合物荧光探针的斯托克斯位移很大且荧光寿命长可达毫秒级，因此普遍应用于生物技术及时间分辨荧光检测技术上。稀土配合物的荧光发射波长是由配合物中稀土离子的种类决定的，通常在可见-近红外光谱区有多个荧光发射峰。Tb^{3+} 主要的发射峰大约在550nm附近，因此它的配合物发绿色荧光；而 Eu^{3+} 的主要的发射峰大约在600nm附近，它的配合物则发红色荧光。稀土配合物荧光探针还对外部环境的 pH 值、共存离子如碱金属离子和卤素离子等敏感，因此也常用于化学和生物传感器上。用 Eu^{3+}-四环素配合物直接荧光光度法测定卵磷脂的检出限达到 3.9×10^{-8}mol/L，并成功地用于血清样品中卵磷脂的测定，结果令人满意，这种配合物还用于检测烟碱二核苷酸腺嘌呤。Eu^{3+}-土霉配合物测定三磷酸腺苷灵敏度可达到 2.67×10^{-9}mol/L。Eu^{3+} 的配合物还用于灵敏地检测核酸。在 Eu^{3+}-苯甲酰丙酮-十六烷基溴化铵的体系中，核酸的存在会使荧光增强，因此这个体系被用于检测青鱼精子 DNA、小牛胸腺 DNA 以及酵母 RNA，最低检出限分别为 0.33ng/mL、0.21ng/mL、0.99ng/mL。稀土配合物荧光探针在活体检测癌症方面也有一些报道，一种复杂的 Eu^{3+} 配合物被用于细胞核的染色和标记，并且显示出对细胞核的高选择性标记。

2.1.2.8　无机纳米荧光探针

由于表面效应和量子尺寸效应赋予了纳米粒子独特的性质，近年来，纳米荧光探针在生物化学分析领域的应用越来越广泛，是现有有机荧光试剂的补充。

普遍认为直径在 1～100nm 尺寸的颗粒属于纳米粒子的范畴。目前有 4 种类型的纳米粒子可作为光学探针：具有光学活性的金属纳米粒子（纳米金）、荧光纳米乳液微球或荧光高分子微球、发光量子点、荧光团杂化纳米二氧化硅粒子等。

量子点（quantum dots），又称半导体纳米微晶粒，是由 II_B-VI_A、III_A-V_A 或者 IV_A-VI_A 族元素组成的纳米颗粒。其中 II_B-VI_A 包括 CdS、CdSe、CdTe 等；III_A-V_A 包括 InP、InAs 等；IV_A-VI_A 包括 PbSe 等。量子点由于粒径很小，电子和空穴被量子限域，连续能带变成具有分子特性的分立能级结构，因此光学行为与一些大分子，如多环的芳香烃很相似，可以发射荧光。量子点的体积大小严格控制着它的光吸收和发射特征，颗粒越小，比表面积越大，分布于表面的原子就越多，而表面的光激发的正电子或负电了受钝化表面的束缚作用就越大，其表面束缚能就越高，吸收的光能也越高，即存在量子尺寸效应（quantum size effect），从而使其吸收带蓝移，荧光发射峰位也相应蓝移。其光谱性质主要取决于半导体纳米粒子的半径大小，通过改变粒子的大小可获得从紫外到近红外范围内的光谱。单独的量子点颗粒容易受到杂质和晶格缺陷的影响，荧光量子产率很低。但是当以其为核心，用另一种半导体材料包覆，形成核-壳（core-shell）结构后，就可将量子产率提高到约 50% 甚至更高，并在消光系数上有数倍的增加，因而有很强的荧光发射。目前已合成了多种核-壳结构的纳米颗粒，如 CdS/Ag_2S、

CdS/Cd(OH)$_2$、CdS/ZnS、ZnS/CdSe、ZnSe/CdSe、CdS/HgS、CdS/PbS 等以及多层结构的 CdS/HgS/CdS 等。

1998 年，Nie 和 Weiss 两个研究小组分别发表论文，证明量子点可作为生物探针并且适用于活细胞体系，论文具有突破性的意义，从此量子点在生物医学上的应用也蓬勃发展起来了，有许多综述性的论文进行了讨论。通过改变量子点尺寸大小，不同类型的量子点可以处于不同的波长范围，处于近红外光区的量子点可能为 CdSe、CdTe、CdHgTe/ZnS、CdTe/CdSe、InP 以及 InAs 等。许多近红外的量子点也被合成并应用。量子点作为一种新兴的生物探针，其应用范围还在不断扩大。但是它无法取代传统的有机小分子荧光探针，只能作为现有的有机小分子荧光探针的有力补充，因为它对活体组织的潜在毒性及生物相容性都有待进一步的探讨。

2.2　NO 荧光探针

NO 荧光探针发展很迅速，人们设计合成了很多性能优良的探针，并应用于各种生物样品分析。国内外的科学家如张华山、张灯青、Nagano、Lim 及 Bryan 等人都对其进行了较好的综述。下面是几类常见的 NO 荧光探针。

2.2.1　芳香邻二氨类

在中性和氧气存在的条件下，邻苯二胺与 NO 反应后生成三唑杂环，或在酸性条件下可与 NO 的代谢产物 NO$_2^-$ 反应生成三氮唑，改变了原有分子的电子转移能力，引起了其荧光的变化，从而实现了对 NO 的检测。这类荧光探针是目前开发和应用较为广泛的荧光探针，主要有二氨基萘（DAN）、二氨基荧光素衍生物（DAFs）、二氨基罗丹明衍生物（DARs）、二氨基 BODIPY 衍生物（DABs）以及二氨基花菁衍生物（DACs）等。

2.2.1.1　二氨基萘

二氨基萘（DAN）及其衍生物是测定 NO 应用最早且最多的荧光探针。DAN 本身荧光强度很弱，但在中性和氧气存在的条件下，与 NO 反应生成 2,3-[H]-1-萘三氮唑（NAT）。在碱性条件下 NAT 的荧光强度比 DAN 的显著提高（超过 100 倍），用于 NO 反应，检出限可达 10nmol/L。反应式如下：

$$\text{(反应式)} \quad \xrightarrow[\text{NO}_2^- + \text{H}^+]{\text{NO}+\text{O}_2} \quad \text{(产物)}$$

另外，在酸性条件下 NO$_2^-$ 也能与 DAN 反应，生成 NAT，反应机理与 NO 的反应机理相同。由于 NO 在生物体内代谢的主要产物是 NO$_2^-$ 和 NO$_3^-$，这种方法

也可以间接测定 NO。田亚平等人根据 DAN 可与 NO 反应及 NO 的气体特性，用
"气提"与荧光光度法相结合，直接测定血浆中的 NO，但该方法操作繁琐。
Penelope 等人用该试剂测 NO_2^-，利用 DAN 荧光团寿命的变化，检出限达
800pmol/L。若将 HPLC 与以 DAN 作为荧光探针的荧光技术连用，监测细胞内
NO 的释放，可大大扩展其线性范围，达到 5μmol/L。DAN 作为柱前衍生试剂与
HPLC 分离结合检测 NO，提高了方法的灵敏度和选择性。DAN 与 HPLC 结合成
功地应用于内皮细胞、小鼠血清、小鼠尿样中 NO_2^- 含量的测定。但 DAN 及反应
产物的水溶性较差，必须溶解在有机溶剂里，灵敏度取决于测定体系的碱性强
弱，且最大激发和发射波长也较短，生物样品中自身荧光有干扰。后来 Kojima
等人根据这些缺点，对 DAN 进行修饰，合成出 2-氨基-3-(对苯甲酸乙酯)-亚氨基
萘（DAN-1EE），并用于检测小牛动脉平滑肌细胞内 NO，对 NO 进行了荧光成像
实验，但由于试剂自身的荧光较强而且对细胞毒性较大，实验结果仍不理想。

2.2.1.2　二氨基荧光素衍生物

荧光素在水中具有高的摩尔吸光系数、大的荧光量子产率且在生物体内有方
便的吸收波长而被广泛地用于生物体内。荧光素胺的荧光是被猝灭的，但是当把
胺变成氨化物后其荧光恢复。这是因为荧光素的邻苯二甲酸环上连有给电子的基
团，当给电子的基团给电子能力减弱后其荧光恢复，该荧光开关的机理是建立在
光致电子转移（PET）基础上的。利用这个原理，一系列的二氨基荧光素衍生物
（DAF-FM）被合成了作为 NO 的传感器（结构见图 2.14）。利用 DAF-2 DA 成功
实现了在大鼠大动脉平滑肌细胞中对 NO 的成像，其反应机理如图 2.15 所示。
其最大激发和发射波长分别为 491nm 和 510nm，对 NO 的检出限达到了 5nmol/L。
实验发现整个细胞都有荧光发射，即 DAF-2 DA 在细胞内酯酶的作用下水解产生
的 DAF-2 分布在整个细胞中，且该染料不会对细胞产生伤害。Nagano 等人利用
DAF-2 DA 来研究 NO 在神经系统中的作用，无论是在敏锐的还是培养的大鼠脑
切片中，荧光强度都增加了。因此，利用 DAF-2 DA 的荧光成像技术有助于研究
神经系统中 NO 的作用。此外，该类探针分子还被用于细胞外 NO 的检测。

三唑荧光素（DAF-Ts）的荧光强度受 pH 值影响较大，因此测定细胞内的
NO 浓度变化较难。为了解决这个问题，Nagano 和 Balcerzyk 等人又合成了化合物
DAF-FM（见图 2.14(g)）。氟原子由于其大的电负性降低了临近苯酚羟基的 pK_a
值，甲基的引入增强了荧光在中性 pH 值范围内的稳定性，因此 DAF-FM 具有较
好的光稳定性和高的灵敏度（对 NO 的检出限为 3nmol/L）。利用 DAF-FM 的酯衍
生物 DAF-FM DA（见图 2.14(h)）成功实现了在牛大动脉内皮细胞内对 NO 的成
像。加入缓激肽后，增加了细胞液内钙离子的浓度，从而使一氧化氮合酶
（NOS）的活力增强，因而细胞内的荧光强度增加，胞液比细胞核中增加得更快，

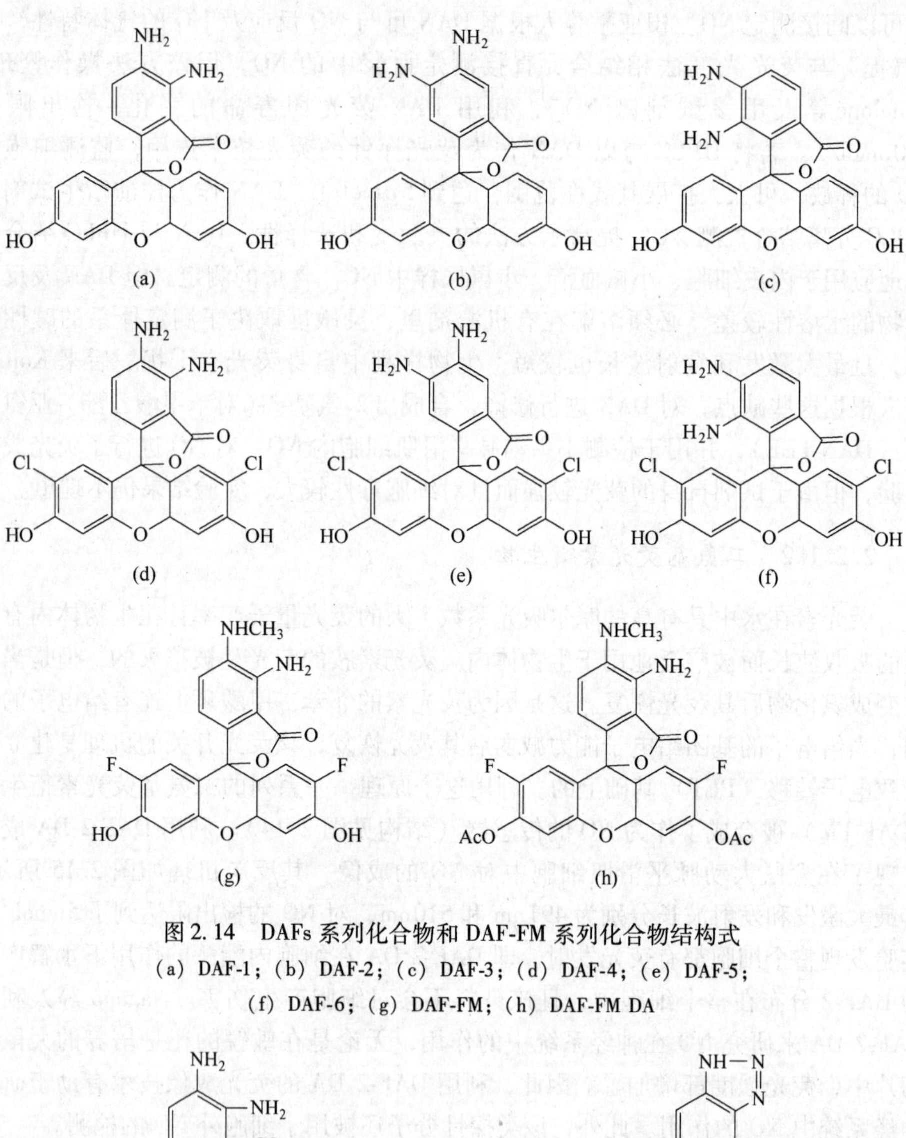

图 2.14 DAFs 系列化合物和 DAF-FM 系列化合物结构式

(a) DAF-1；(b) DAF-2；(c) DAF-3；(d) DAF-4；(e) DAF-5；
(f) DAF-6；(g) DAF-FM；(h) DAF-FM DA

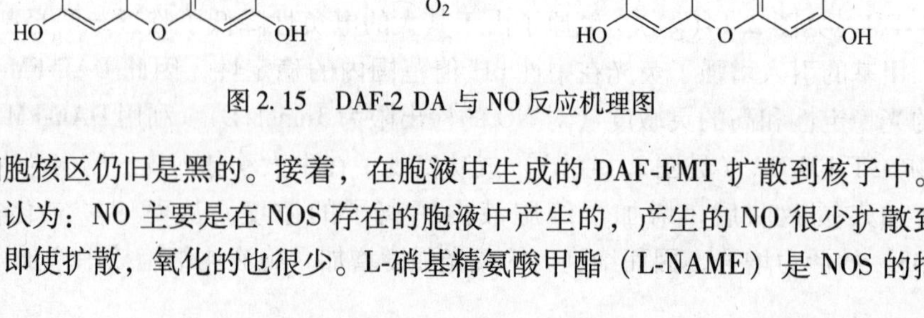

图 2.15 DAF-2 DA 与 NO 反应机理图

所以细胞核区仍旧是黑的。接着，在胞液中生成的 DAF-FMT 扩散到核子中。因此可以认为：NO 主要是在 NOS 存在的胞液中产生的，产生的 NO 很少扩散到核子中，即使扩散，氧化的也很少。L-硝基精氨酸甲酯（L-NAME）是 NOS 的抑制剂，抑制了荧光强度的增强。因此，DAF-FM 对实现细胞内 NO 的时空分布的观察是一个有用的工具。

此外，Pishko 等人把 DAF-FM 置入聚（乙烯基乙二醇）水凝胶中来检测 NO，在水溶液中 NO 的检出限低至 $0.5\mu mol/L$。Sugimoto 等人利用 4,5-二氨基荧光素二乙酸盐（DAF-2 DA）来检测细胞内响应 NO 的灵敏度，取得了较好的结果。Strijdom 等人成功地利用 DAF-2 DA 来检测成人心脏肌细胞中产生的 NO。

2.2.1.3 二氨基罗丹明衍生物

二氨基罗丹明衍生物（DAFs）受 pH 值影响较为严重，且光稳定及准确度较差，为了增加探针光稳定性、增大激发波长且在更宽的 pH 值范围内应用，基于罗丹明为荧光团，Nagano 课题组设计了一系列的 NO 荧光探针。DAFs 类探针和 NO 反应示意图如图 2.16 所示。

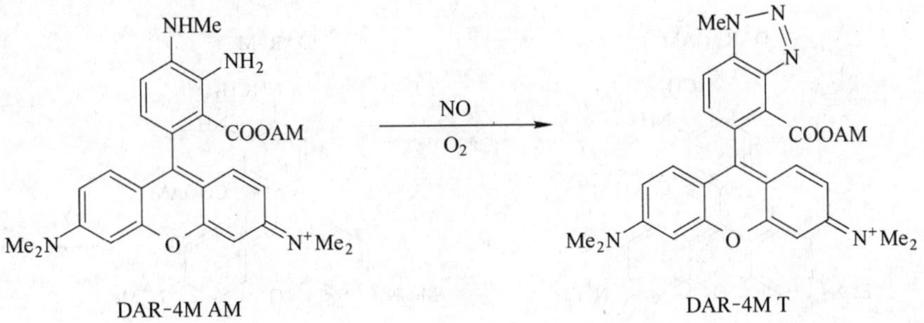

图 2.16 DAFs 与 NO 反应示意图

为了提高探针穿透细胞膜的能力，便于活细胞的荧光成像分析，他们在 DAR-1 中引入了乙基合成了乙基酯 DAR-1 EE（见图 2.17）。探针通过细胞膜后可被胞液中的酯酶水解，因此被保留在细胞中。与预期的一样，当把其用于活的大鼠大动脉平滑肌细胞中产生的 NO 成像时为长波激发，因而细胞本身几乎没有荧光。尽管 DAR-1 EE 能够成功用于细胞内 NO 的成像，但其染色困难，在细胞中获得稳定荧光的时间比 DAF 衍生物更长，这是因为乙基酯不易水解的缘故。

因为乙酰氧甲基酯在细胞内酯酶的作用下更易水解，所以为了解决上述问题，他们又合成了 DAR-1 的乙酰氧甲基酯衍生物 DAR-1 AM。实验证明，在大鼠脑浆中，DAR-1 AM 在 30min 内水解了 27%，可用于活体的 NO 成像。然而，由于 DAR-1 T 中三唑质子的 pK_a 值为 6.69，会影响探针的荧光，为此他们在 DAR-1 中引入了甲基合成了 DAR-M。DAR-M 的三唑在 pH=4.0 以上的荧光强度都是稳定的，而 DAR-1 T 在 pH=7 附近不稳定。考虑到用于生物成像，在 DAR-M 中引入了乙酰氧甲基酯合成了 DAR-M AM，DAR-M AM 被用于牛大动脉内皮细胞中 NO 的成像。然而，和 DAR-1 EE 相比，染色能力几乎没有提高，这可能是因为 4

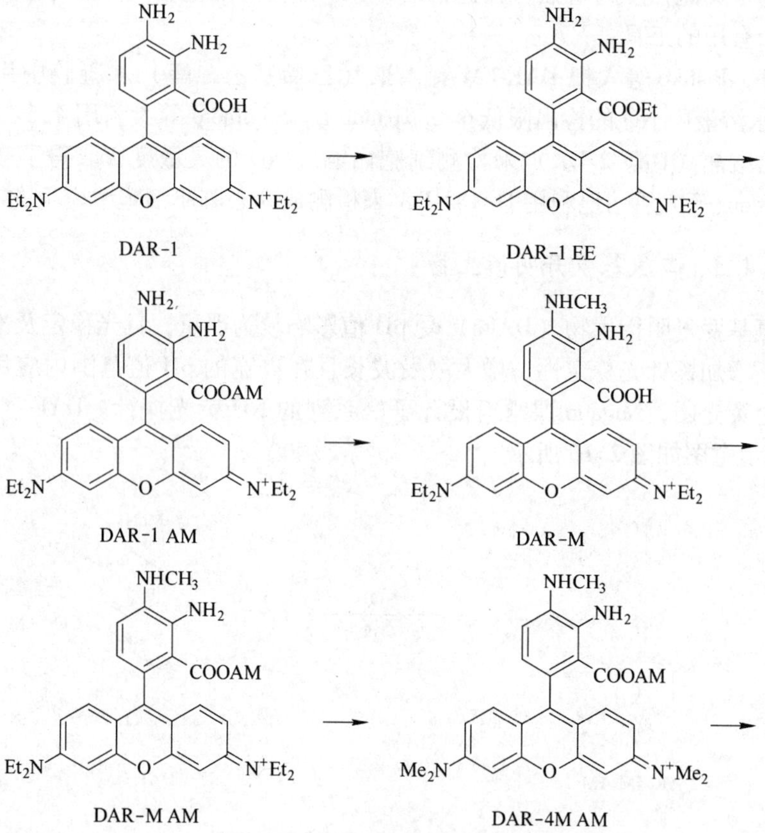

图 2.17 DARs 系列化合物的结构式

个乙基憎水能力太大而不能稳定地分散在胞液中。因此，合成了 DAR-4M AM，荧光团从乙基变成了甲基。结果 DAR-4M T 的量子效率是最高的，DAR-4M 对 NO 的响应灵敏度是 DAR-1 的两倍，检出限为 7nmol/L。尽管 DAR-4M T 的荧光量子效率比荧光素探针低，但其具有低的背景荧光和长的激发波长，还具有更好的信噪比。此外，DAR-4M 可以在 pH=4 以上检测 NO，而 DAF-AM 只能在 pH=5.8 以上。当使用 DAFs 时，由于其本身具有弱的荧光，因此细胞的本体荧光和 DAFs 的荧光重叠很难辨别细胞是否被染料染色；另外，当把 DAR-4M 用于染色细胞时，由于非染色的细胞几乎没有荧光，因而很容易区别细胞是否被染色。此外，DARs 的光稳定性比 DAFs 更好。

2.2.1.4　二氨基 BODIPY 衍生物

BODIPY 荧光团在水溶液中的荧光量子效率高于荧光素，且灵敏度比 DAFS 高。为了进一步提高探针的灵敏度，Nagano 课题组合成了一系列的 BODIPY 衍生物（见图 2.18）用于 NO 分析。这类探针的本体几乎没有荧光，而与 NO 反应生成衍生物后，荧光急剧增加，如 DAMBO，本体的量子产率为 0.002，而其衍生物 DAMBOT 的量子产率为 0.74。这是因为产物 DAMBOT 中三唑的生成抑制 PET 转移的结果。DAMBO 具有很好的 pH 值适用范围，甚至在酸性介质中，DAMBO 仍能用作 NO 的探针，而荧光素衍生物在此条件下由于内酯化反应而失去荧光。但当 pH >7 时，DAMBOT 的荧光强度下降较大。为此，他们又合成了其他系列化合物，如 DAMBO-Et、DAMBO-CO$_2$Et 和 DAMBO-P^H。DAMBO-EtT 在碱性条件下荧光较强，pH >7 时，不随 pH 值变化而变化。相反，DAMBO-CO$_2$EtT 的荧光在碱性条件下完全被猝灭。而 DAMBO-P^{H}T 的荧光强度在 pH 值为 3 ~ 13 范围内不变，量子效率比 DAMBOT 更高且斯托克斯位移更大，能更大程度上避免光散射和减少自吸收，和 DAF-2 相比，荧光增加程度一样但灵敏度更高。

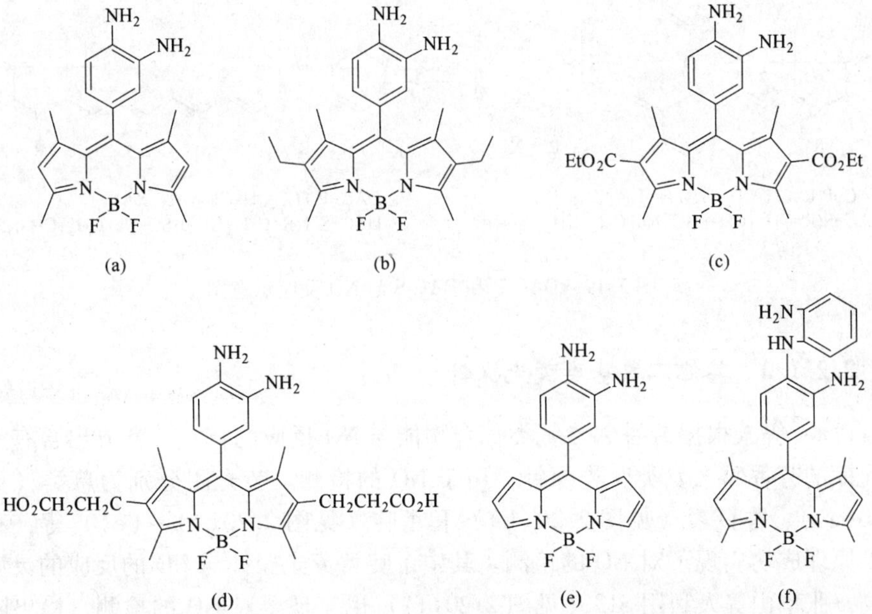

图 2.18　DABs 系列化合物的结构式

(a) DAMBO；(b) DAMBO-Et；(c) DAMBO-CO$_2$Et；

(d) DAMBO-P^H；(e) DABODIPY；(f) TMAPABODIPY

　　近年来，张华山课题组利用化合物 DAMBO 结合 HPLC 技术成功实现了大鼠组织、人血液和水生植物中 NO 的灵敏检测，检出限达 2×10^{-12} mol/L。他们还报道了一系列 BODIPY 衍生物（结构式见图 2.18）。DABODIPY 具有很高的光稳定性且在更宽的范围内对 pH 值变化不敏感，加入 NO 后荧光显著增强，能够实现对 NO 的特异性识别，检出限达到 10nmol/L。

2.2.1.5 二氨基花菁衍生物

由于人体内部组织吸收及自发荧光的干扰，使用短波长的荧光探针灵敏度和选择性都受到了限制。因此开发长波长的 NO 荧光探针逐渐引起了人们的兴趣。Nagano 课题组在 2004 年合成了含有三碳菁和邻苯二胺的近红外发光化合物 DAC-P 和 DAC-S（见图 2.19）。当探针与 NO 反应后，探针的发射波长达到了 790nm，而荧光量子效率增加 14 倍，而且探针具有很宽的 pH 值适用范围，在 pH 值为 2～12 之间，产物的荧光不变。和 NO 的反应速度比 DAF-2 更快。用 DAC-P 成功实现了大鼠肾中 NO 的成像分析。

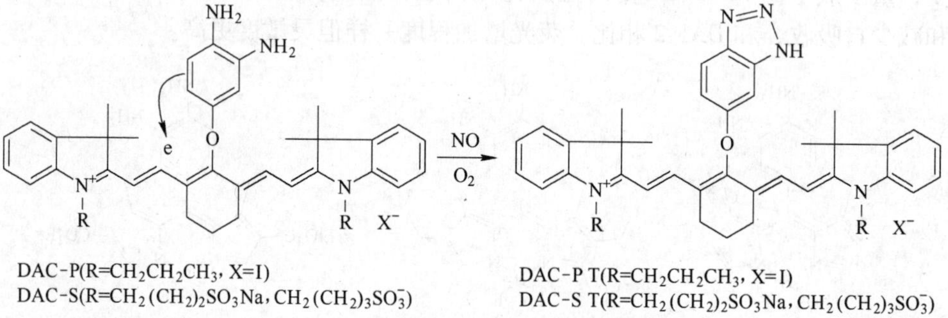

DAC-P(R=CH₂CH₂CH₃, X=I)
DAC-S(R=CH₂(CH₂)₂SO₃Na, CH₂(CH₂)₃SO₃⁻)

DAC-P T(R=CH₂CH₂CH₃, X=I)
DAC-S T(R=CH₂(CH₂)₂SO₃Na, CH₂(CH₂)₃SO₃⁻)

图 2.19 DAC-P 和 DAC-S 与 NO 反应示意图

2.2.1.6 其他二氨基类荧光探针

Plater 等人根据芳香邻二氨类化合物能与 NO 反应的特点，合成出含有不同荧光团的芳香邻二氨类荧光探针，用于 NO 的检测。荧光团分别为蒽类（见图 2.20(a)）、香豆素（见图 2.20(b)）和丫啶（见图 2.20(c)～(e)）等，利用 PET 原理成功实现了对 NO 的检测。其中丫啶类荧光探针与 NO 的反应的灵敏度最高。张华山等人利用 S13（见图 2.20(f)）也实现了对 NO 的检测，检出限为 0.6nmol/L。近来，Kagechika 等人报道了香豆素衍生物 S14（见图 2.20(g)），并用其对 NO 进行了检测。

2.2.2 金属配合物荧光探针

2.2.2.1 Co(Ⅱ)配合物

如图 2.21 所示，Lippard 等人合成了 4 个类四面体几何构型的 Co(Ⅱ)配合物：[Co(ⁱᴾʳDATI)₂]（配合物 1）、[Co(ᵗᴮᵘDATI)₂]（配合物 2）、[Co(ᴮᶻDATI)₂]（配合物 3）和 [Co(DATI-4)]（配合物 4）。配合物 1（40μmol/L, CH₂Cl₂）的荧

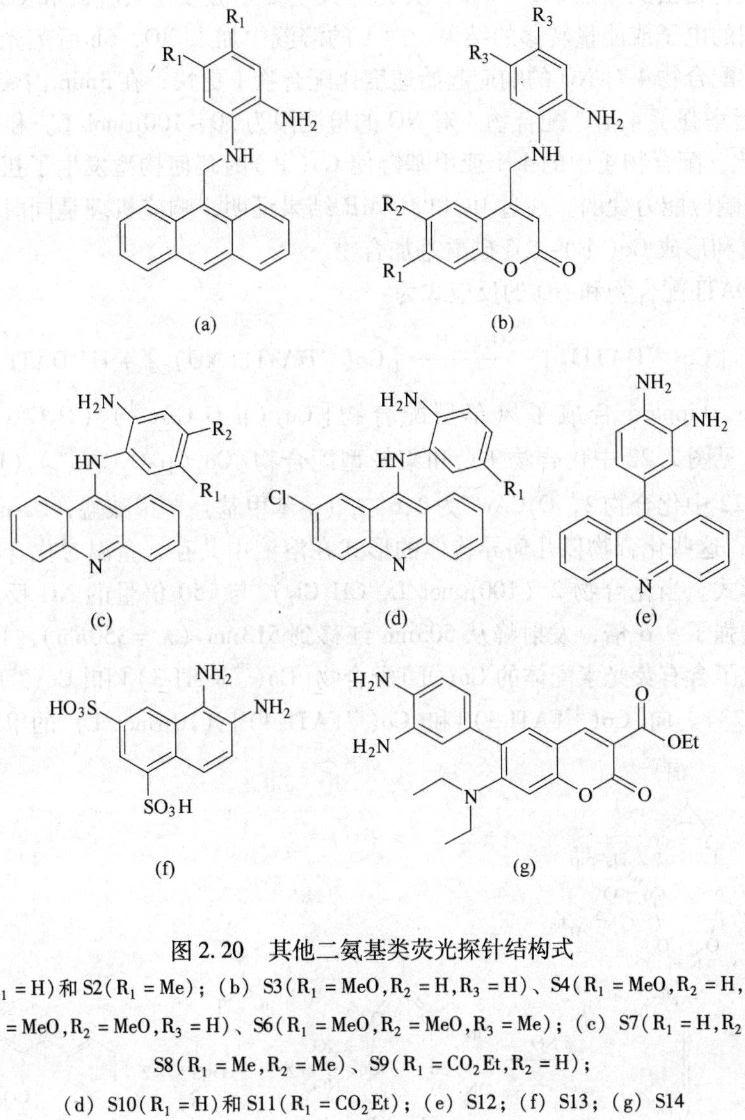

图 2.20　其他二氨基类荧光探针结构式

（a）S1（R₁ = H）和 S2（R₁ = Me）；（b）S3（R₁ = MeO, R₂ = H, R₃ = H）、S4（R₁ = MeO, R₂ = H, R₃ = Me）、

S5（R₁ = MeO, R₂ = MeO, R₃ = H）、S6（R₁ = MeO, R₂ = MeO, R₃ = Me）；（c）S7（R₁ = H, R₂ = H）、

S8（R₁ = Me, R₂ = Me）、S9（R₁ = CO₂Et, R₂ = H）；

（d）S10（R₁ = H）和 S11（R₁ = CO₂Et）；（e）S12；（f）S13；（g）S14

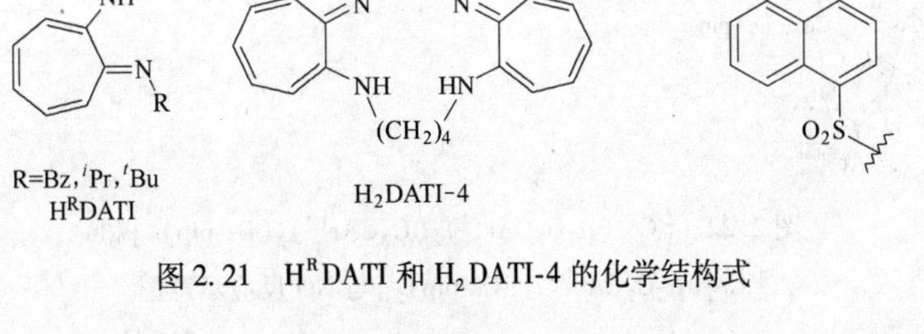

图 2.21　HᴿDATI 和 H₂DATI-4 的化学结构式

光强度仅为自由配体的5%～6%，荧光猝灭主要是激发态荧光团和Co(Ⅱ)的d轨道之间的电子或能量转移的结果。向1的溶液中加入NO，6h后荧光强度增强了8倍。配合物4对NO的响应起始速度比配合物1更快，在3min内荧光增强两倍，6h后增强了4倍，配合物4对NO的检测限为50～100μmol/L。和配合物1、2、3相比，配合物4中的4个亚甲基链使Co(Ⅱ)的几何构型发生了扭曲，因此对NO的响应能力变弱。通过IR和^{1}HNMR结果证明，响应机理是同时存在荧光团的解离和形成Co(Ⅰ)-二亚硝酰基加合物。

Co-DATI配合物和NO的反应式为：

$$[Co(^{iPr}DATI)_2] \xrightarrow{NO,e^-,H^+} [Co(^{iPr}DATI)(NO)_2] + H^{iPr}DATI$$

此外，Lippard合成了风车型配合物$[Co_2(\mu-O_2CAr^{Tol})_2(O_2CAr^{Tol})_2(Ds-pip)_2]$（见图2.22中化合物1）和桨轮型配合物$[Co_2(\mu-O_2CAr^{Tol})_4(Ds-pip)_2]$（见图2.22中化合物2，$O_2CAr^{Tol}$为2,6-二（p-苯甲基）苯甲酸盐，Ds-pip为丹磺酰哌嗪），这些化合物以几何异构体的形式在溶液中共存，室温时化合物2为主要存在形式。当化合物2（100μmol/L，CH_2Cl_2）与150倍量的NO反应后，1h内荧光增强了9.6倍，发射峰从503nm红移到513nm（$\lambda = 350nm$）。Lippard等人还合成了含有荧光素配体的Co(Ⅱ)配合物$[Co(^{iPr}FATI-3)]$和$[Co(^{iPr}FATI-4)]$（见图2.23）。向$[Co(^{iPr}FATI-3)]$和$[Co(^{iPr}FATI-4)]$（10μmol/L）的甲醇溶液中

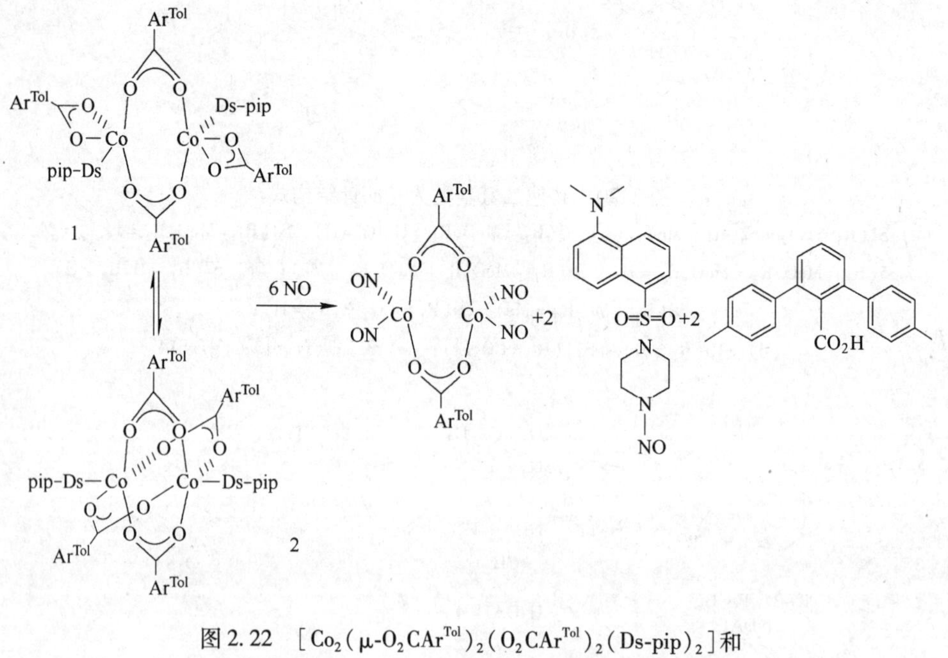

图2.22 $[Co_2(\mu-O_2CAr^{Tol})_2(O_2CAr^{Tol})_2(Ds-pip)_2]$和
$[Co_2(\mu-O_2CAr^{Tol})_4(Ds-pip)_2]$与NO反应示意图

加入 NO 后，4h 后［Co（^{iPr}FATI-3）］的荧光仅仅增强了 20%，22h 后，［Co（^{iPr}FA-TI-4）］的荧光增强了 3 倍（$\lambda_{ex} = 503$nm，$\lambda_{em} = 530$nm）。

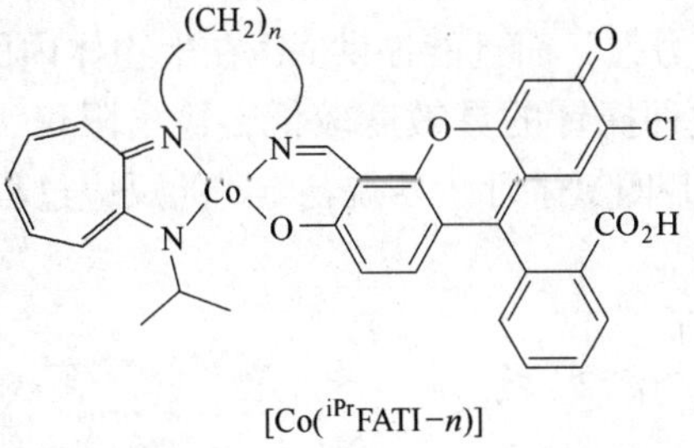

$$[Co(^{iPr}FATI-n)]$$

图 2.23　［Co（^{iPr}FATI-3）］（$n = 3$ 时）和［Co（^{iPr}FATI-4）］（$n = 4$ 时）的结构式

2.2.2.2　Fe(Ⅱ)配合物

NO 能与 Fe（Ⅱ）的配合物再配位形成三元配合物。Soh 等人用 360nm 的光激发配合物（见图 2.24）Mmc-cyclam（$\lambda_{ex} = 360$nm，$\lambda_{em} = 410$nm）和荧光胺-Prox-yl（$\lambda_{ex} = 385$nm，$\lambda_{em} = 470$nm）之间发生共振能量转移（FRET）。在 pH = 7.4 的缓冲溶液中加入 NO 的释放剂 NOC-7，1h 后 410nm 和 470nm 处的荧光强度分别增强了 1.17 倍和 0.75 倍，配合物对 NO 的检测限为 100nmol/L。具体反应机理如图 2.24 所示。尽管该配合物能在生理 pH 值条件下检测 NO，但因其对 O$_2$ 敏感，且对 NO 响应速度慢，荧光变化小，故不能用于生物体内 NO 的成像。

Katayama 等人合成了 N-(2-甲基喹啉)-1,4,8,11-四氮杂环十四烷和 N-(9-甲

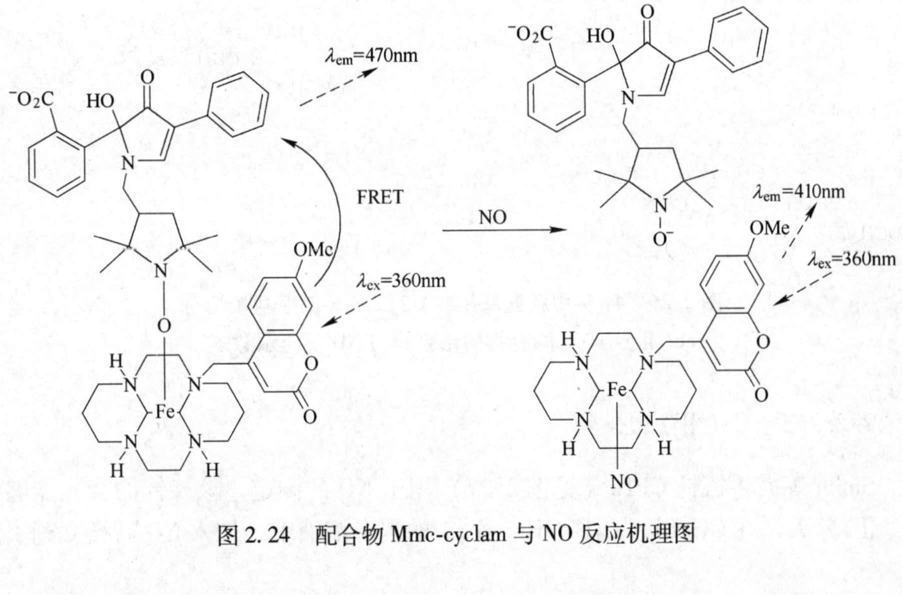

图 2.24　配合物 Mmc-cyclam 与 NO 反应机理图

基菲)-1,4,8,11-四氮杂环十四烷两种荧光探针,它们分别与 Fe(Ⅱ)反应形成 Fe(Ⅱ)-配合物,Fe(Ⅱ)-配合物再与 NO 进行配位反应。由于 Fe(Ⅱ)-配合物自身具有较强的荧光,NO 对其荧光具有猝灭作用,故可用于对 NO 的定量测定。这种探针对 NO 的识别能力强,而且能提供 NO 在生物体内的时空信息,NO$_2^-$ 对其测定也没有影响。但这种探针的灵敏度较低,检出限仅为 1μmol/L。Fe(Ⅱ)-N-(2-甲基喹啉)-1,4,8,11-四氮杂环十四烷与 NO 的反应过程如图 2.25 所示。

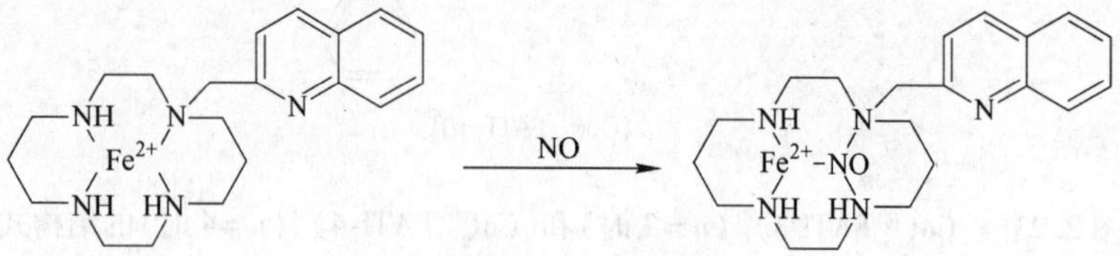

图 2.25 Fe(Ⅱ)-N-(2-甲基喹啉)-1,4,8,11-四氮杂环十四烷与 NO 的反应过程

Maeda 等人开发了一种新的荧光探针,这个荧光探针是 4-(9-甲酰氨基丫啶)-2,2,6,6-四甲基哌啶与 Fe(Ⅱ)-二硫代羧酸肌氨酸(Fe(Ⅱ)-DTCS)配合物的结合物。该探针自身的荧光较强,当它遇到 NO 时,NO 很快与 Fe(Ⅱ)-DTCS 结合,使 4-(9-甲酰氨基丫啶)-2,2,6,6-四甲基哌啶与 Fe(Ⅱ)-DTCS 分解,荧光降低,这种探针的水溶性较好,可以直接用于 NO 的水溶液检测。其反应过程如图 2.26 所示。

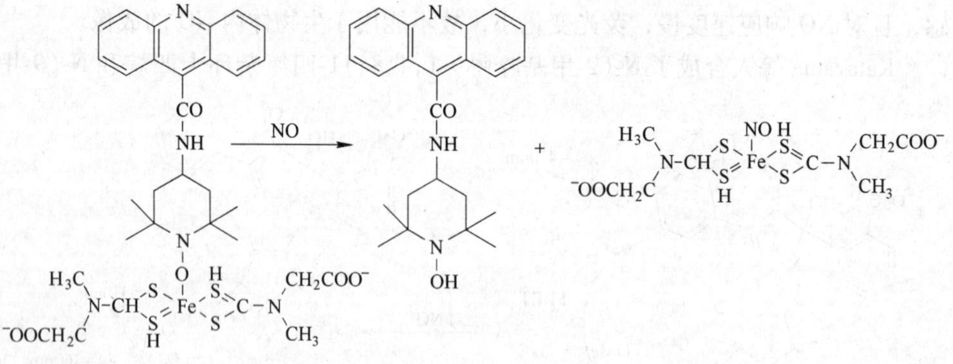

图 2.26 4-(9-甲酰氨基丫啶)-2,2,6,6-四甲基哌啶与
Fe(Ⅱ)-DTCS 配合物的结合物与 NO 反应示意图

2.2.2.3 Cu(Ⅱ)配合物

Smith 等人将探针 CP1a(见图 2.27)用于 NO 的测定。该探针的荧光能够被 Cu(Ⅱ)猝灭,在 CH$_2$Cl$_2$:C$_2$H$_5$OH = 4:1 的混合溶液中,加入 NO 后会立刻引起

Cu(Ⅱ)-CP1a 的荧光增强，增加幅度为 2.8 倍（$\lambda_{ex} = 462nm$，$\lambda_{em} = 542nm$）。荧光的增强是因为 Cu(Ⅱ) 被还原成了 Cu(Ⅰ)，并没有荧光团的释放。对 NO 的检出限为 6.3nmol/L。

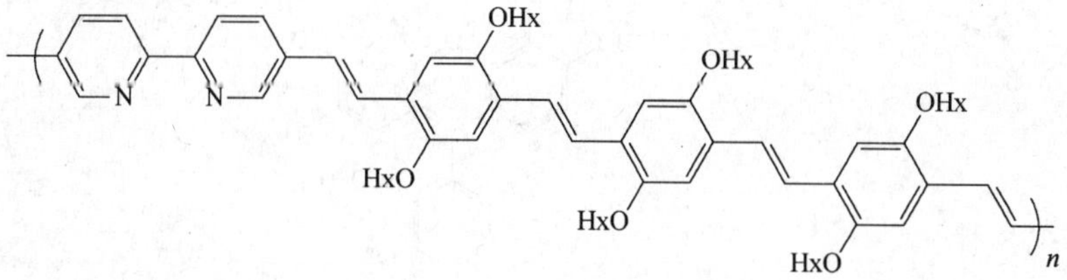

图 2.27 化合物 CP1a 的结构式

Tsuge 等人将 Cu(DAC)$^{2+}$ 用于 NO 的测定。在 CH$_3$OH：H$_2$O = 10：1 的溶液中，向 Cu(DAC)$^{2+}$（见图 2.28，DAC 为二（9-蒽甲基）环胺）中加入过量的 NO，蒽的荧光在 45min 后慢慢恢复。荧光的增强是因为从 Cu 中心释放出了 N-亚硝基 DAC 配体并伴随着 Cu(Ⅱ) 还原为 Cu(Ⅰ)。

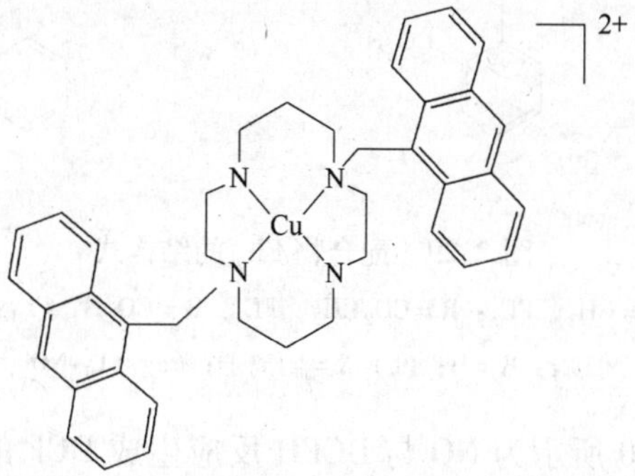

图 2.28 基于阳离子共轭聚合物的 NO 探针的结构式

为了设计能够用于细胞内 NO 检测的传感器，Lippard 等人设计合成了含有荧光素的配合物 CuFL$_1$（见图 2.29）。37℃ 时，向该探针溶液中（1μmol/L CuCl$_2$ 和 1μmol/L FL$_1$）中加入 NO，荧光强度立即增强 11 倍，5min 后增加到 16 倍，检出限为 5nmol/L。生物体内的其他物质如 HNO、NO$_2^-$、NO$_3^-$、ONOO$^-$、H$_2$O$_2$、O$_2^-$ 和 ClO$^-$ 均不会干扰 NO 的检测。此外，Lim 等人利用配合物 CuFL$_n$（$n = 2 \sim 5$）实现了 NO 的选择性检测。NO 使 Cu(Ⅱ) 还原为 Cu(Ⅰ)，生成了 FL$_n$ 的 N-亚硝胺（FL$_n$-NO）（见图 2.29）。该配合物还可用于细胞内 NO 的成像分析。

2.2.3 二氯荧光素类荧光探针

NO 具有氧化性，它能氧化 2,7-二氯氢化荧光素（DCFH），生成 2,7-二氯荧

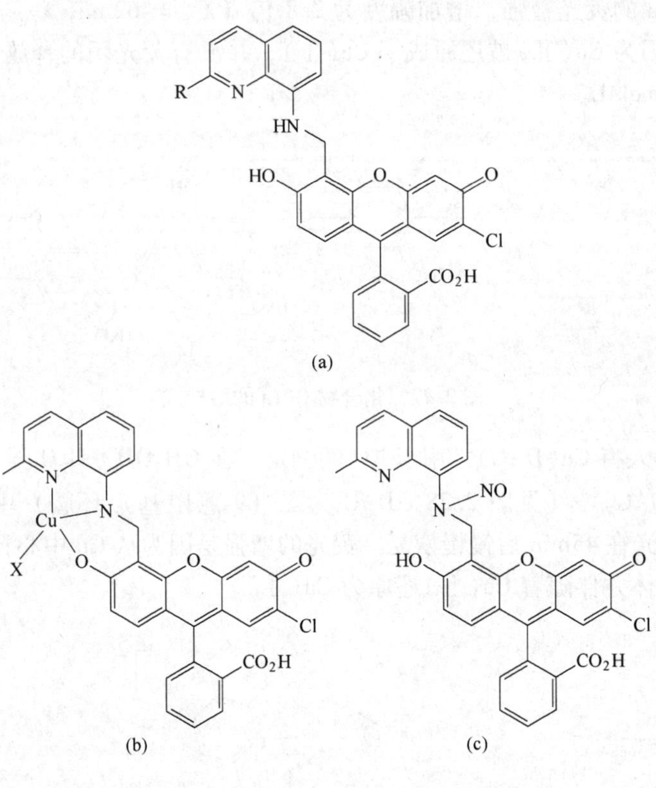

图 2.29 配合物 FL_n 的结构式

(a) FL_1: $R = CH_3$, FL_2: $R = CO_2CH_3$, FL_3: $R = CO_2H$, FL_4: $R = CH_2OH$,

FL_5: $R = H$; (b) X = 阴离子; (c) FL_1-NO

光素（DCF），图 2.30 所示为 NO 与 DCFH 反应生成 DCF 的过程。DCFH 自身没有荧光，当它被 NO 氧化后，生成的 DCF 有较强的荧光，根据荧光强度的变化来检测 NO，这种方法的检出限为 $16\mu mol/L$。Imrich 和 Kobzik 等人利用 DCFH 定量测定了小鼠肺中释放的 NO，来反映 NO 合酶的活性。由于 DCFH 也可以被生物体系中的其他自由基或氧化性物质氧化，加上它自身也不稳定，在测定过程中，需加入超氧歧化酶或其他抑制剂，抑制 DCFH 的氧化，因此这种方法用于生物样品的测定时，准确度较差。

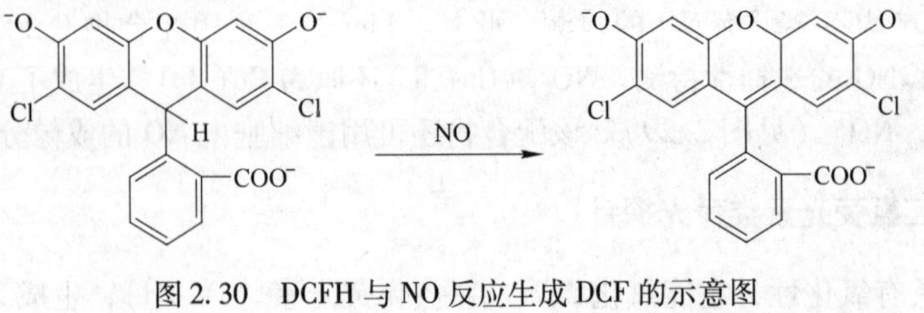

图 2.30 DCFH 与 NO 反应生成 DCF 的示意图

3 一氧化氮荧光测定

3.1 概述

由于 NO 极不稳定,具有挥发性和半衰期短等特点,在氧气和水存在的情况下很容易转变成 NO_2^- 和 NO_3^-,因此直接检测生物样品中的 NO 有较大的难度。所以,荧光法测定 NO 的方法一般是利用荧光探针捕获 NO 生成荧光衍生物,然后再进行测定。

高效液相色谱(HPLC)作为一种比较有效的分离手段,广泛应用于无机、有机、医药、食品、环境、生命科学等领域。由于把分析物从复杂的生物体系中分离出来,因此 HPLC 能够很好地避免背景的干扰。在液相色谱的发展过程中,各种高灵敏度的检测方法的出现极大地拓宽了高效液相色谱的应用范围。目前常用的检测方法主要有紫外/可见、荧光、化学发光、电化学和质谱等检测方法。在这些检测方法中,紫外/可见检测是大多数商品化仪器的主要检测手段,但其灵敏度不高,约为 $10^{-5} \sim 10^{-6}$mol/L。化学发光的灵敏度虽然很高,但发光系统不稳定,重现性较差,且使用不方便。电化学检测需要待测物质具有电化学活性,并且方法的重现性也不理想。质谱检测手段已经逐渐成熟,但因其价钱昂贵,接口技术的解决还有待普及。荧光检测法是色谱中常用的检测方法,其灵敏度比紫外/可见检测高 $1 \sim 3$ 个数量级,在色谱分离检测时基线很稳定,受流动相组成及流速变化影响小,适用于梯度洗脱。将高灵敏度的荧光检测技术和高效液相色谱分离手段相结合,是现代分离技术中的一种常用方法。

由于很多生物物质本身没有可检测的信号,没法直接采用液相色谱分离荧光检测,因此必须对其进行衍生化处理。一般通过适当的反应将合适的衍生试剂的生色团或荧光团加到被测定的目标分子中,使其转化成可检测的形式,以提高检测的灵敏度。因此利用化学衍生技术是提高灵敏度测定它们的重要手段之一。化学衍生技术还可以通过衍生试剂的反应选择性来排除在复杂体系中大量共存组分的干扰,也可以改善某些物质的色谱行为使其具备更好的分离性能。

荧光衍生技术按照衍生试剂与目标物作用在分析过程中的先后顺序可分为柱前、柱中和柱后衍生。柱前衍生是在色谱分离之前,预先将样品组分与衍生试剂作用,然后进行分离并检测。其主要优点是:柱前衍生对衍生试剂与待测组分的反应速度没有要求;可以通过样品前处理技术来排除过量试剂存在的干扰;衍生条件的优化可以不用考虑色谱分离的影响；可以通过衍生试剂的作用来改善待测物的分离性能；衍生产物易纯化，不需附加仪器设备。其缺点是：某些衍生反应的条件苛刻、操作比较繁琐、重现性不易掌握、难以自动化；对一些具有几个可与衍生试剂作用基团的分离对象来说，存在几种取代的衍生物，给色谱分离带来困难。柱中衍生是将衍生试剂引入流动相中，注射样品后，待分析物与流动相中的衍生试剂作用。该方法适用于不太稳定的衍生物，对衍生反应的速度要求较高，所需衍生试剂的用量也较多，因此其应用相对较少。柱后衍生是指将被分离组分进行分离后，再通过柱后反应器让衍生试剂与被测组分作用，最后再经过检测器进行检测。其主要优点是：柱后衍生对衍生试剂的选择性要求低；不能衍生的组分也可在衍生之前用别的方法进行检测；可连续反应易实现自动化分析。其缺点是：衍生条件与分离条件要相适应，在一定程度上限制了衍生反应的选择范围；柱后衍生的反应器会造成色谱峰的拓宽，使分离度降低；过量的试剂给测定带来干扰；还需要附加其他仪器设备，如输液泵、混合室、加热器等，对仪器的要求比较高。同其他衍生方法相比较，柱前衍生的衍生条件更易控制，对仪器的要求不高，因此其应用更为广泛。

近年来，NO 分子荧光探针发展迅速，已有多种探针用于 NO 的高效液相色谱荧光分析。这些探针的发展，为 HPLC 法测定 NO 提供了更高的灵敏度和更好的选择性。

3.2 基于二氨基荧光素衍生物的 HPLC-荧光法

3.2.1 基于 DAF-FM 的 HPLC-荧光法

2000 年东京大学的 Itoh 利用荧光探针 DAF-FM 标记，HPLC-荧光测定了内皮细胞和平滑肌细胞中的 NO。细胞中 NO 由 NOR-1 或 NOC-7 诱导释放，然后跟 DAF-FM 反应生成强荧光的三氮唑产物。HPLC 的流动相采用含有 6% 乙腈的磷酸盐缓冲溶液（0.01mol/L，pH = 7.2），流速为 0.2mL/min，柱温为 30℃，检测器的激发波长为 500nm，发射波长为 515nm。探针 DAF-FM 配成 1μmol/L，与 NO 于 37℃下反应 30min。DAF-FM 与 NO 反应过程如图 3.1 所示。

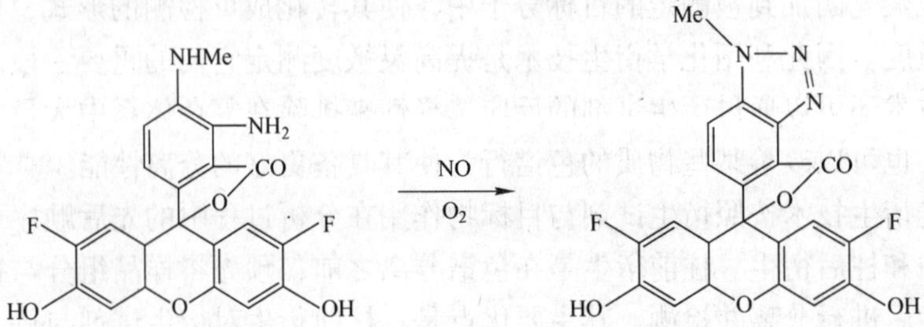

图 3.1 DAF-FM 与 NO 反应示意图

如图 3.2 所示，DAF-FM 跟 NO 的反应在 30min 后荧光强度达到最大值，然后最少在 60min 内维持荧光强度不变。从图 3.3(a)可以看到，三氮唑的色谱保留值是 4.4min。图 3.3(b)显示了该方法的线性范围为 2~200nmol/L。方法的检出限为 2nmol/L。

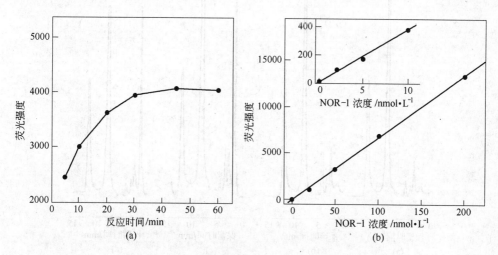

图 3.2　三氮唑的荧光强度与反应时间的关系(a)及
NOR-1 的浓度与荧光强度的线性关系(b)

* NO 与 DAF-FM 反应的三氮唑产物

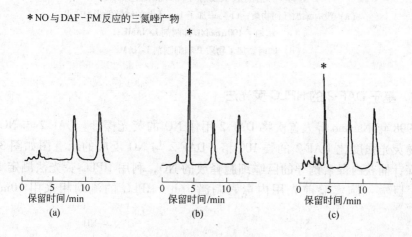

图 3.3　标准色谱图

(a) 空白试验（DAF-FM）；(b) 由 NOC-7 （20nmol/L）诱导释放的 NO 与 DAF-FM 反应的三氮唑产物；
(c) 由 NOR-1 （20nmol/L）诱导释放的 NO 与 DAF-FM 反应的三氮唑产物

该方法被应用于猪的冠状动脉中释放的 NO 的测定，如图 3.4 所示。图 3.4 (a)为冠状动脉自身产生的 NO。当加入 1nmol/L 的动脉舒张物质 P 后，从图 3.4 (b)中可以看到释放的 NO 的量增大。而当抑制剂 L-NAME 加入后，与图 3.4(a)

相比，图 3.4(c) 中 NO 的释放明显降低了。图 3.4(d) 为物质 P 和抑制剂 L-NAME 同时加入的色谱图，可以看出，NO 的释放量与图 3.4(a) 相当。

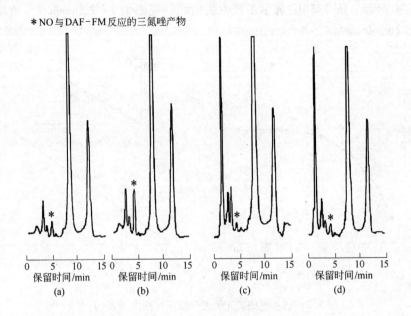

＊NO 与 DAF-FM 反应的三氮唑产物

图 3.4　猪的冠状动脉中 NO 测定色谱图

(a) 没有添加任何物质；(b) 添加了 1nmol/L 的动脉舒张物质 P；

(c) 添加了 100μmol/L 抑制剂 L-NAME；

(d) 同时添加了物质 P 和抑制剂 L-NAME

3.2.2　基于 DAF-2 的 HPLC-荧光法

1998 年 Nagano 等人首次将 DAF-2 用作 NO 的荧光探针。DAF-2 与 NO 反应的产物荧光强度比 DAF-2 的强 100 倍。DAF-2 与 NO 反应的示意图如图 3.5 所示。探针捕获内毒素诱导的巨噬细胞释放的 NO，利用 HPLC-荧光法测定 NO 的含量。巨噬细胞实验前先用内毒素刺激 16h。HPLC 的流动相采用 10mmol/L

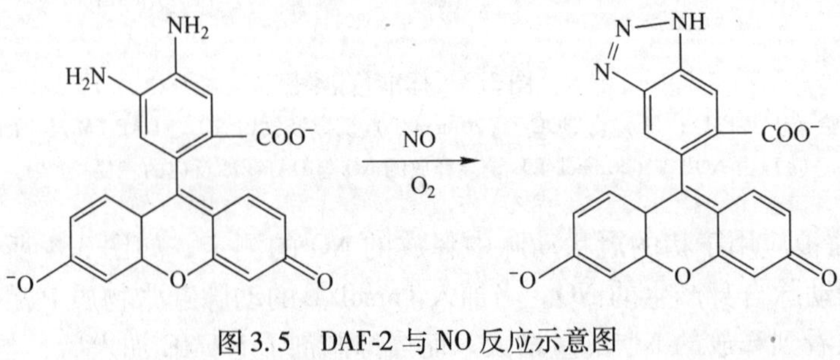

图 3.5　DAF-2 与 NO 反应示意图

乙腈:磷酸盐缓冲溶液（0.01mol/L，pH=7.4）为94:6（体积比），流速为1.0mL/min，检测器的激发波长为495nm，发射波长为515nm。探针DAF-FM 配成 10μmol/L，与 NO 于37℃下反应30min。HPLC 的检测器的激发波长为 495nm，发射波长为515nm。该方法的检出限为5nmol/L。

探针的 pH 值适用范围不是很宽，从图 3.6 可看出，该探针的三氮唑产物 pH 值在 6.0 左右达到最大值，pH值大于或小于 6.0 时荧光强度有较大幅度的下降，尤其是在酸度较强的溶液中。

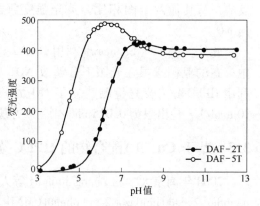

图 3.6 DAF-2 与 DAF-5 的三氮唑产物的荧光强度与 pH 值的关系

图 3.7 所示为巨噬细胞中 NO 的测定色谱图。图 3.7(a)是 DAF-2 的色谱图，可以看出峰面积很小，说明其荧光很弱。图 3.7(b)是 DAF-2 与巨噬细胞中 NO 反应后进行检测的色谱图，由于生成了三氮唑产物，荧光显著增强。图 3.7(c)是巨噬细胞用内毒素（10ng/mL LPS + 10 个单位/mL IFN-γ）激活后再与 DAF-2

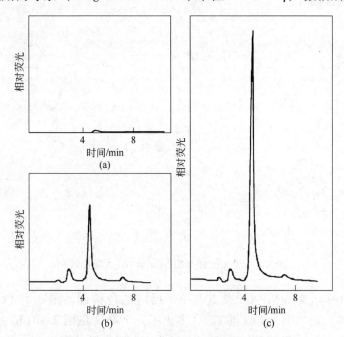

图 3.7 巨噬细胞中 NO 的测定色谱图

（a）DAF-2；（b）DAF-2 与巨噬细胞 NO 反应；

（c）巨噬细胞用内毒素（10ng/mL LPS + 10 个单位/mL IFN-γ）激活

反应，与其他两个图相比，荧光强度急剧增大，说明内毒素可促进细胞释放出 NO。

此外，2009 年 Sakugawa 利用 DAF-2 建立了 HPLC-荧光测定 NO 的方法。水中存在的亚硝酸根在光照下分解成 NO，NO 再与 DAF-2 反应生成三氮唑产物。利用 HPLC 分离荧光检测建立了 NO 的分析方法，方法的线性范围为 0.025 ～ 20nmol/L，检出限为 0.025nmol/L。该方法被应用于海水和河水中 NO 的测定。

3.3 基于 Cu(Ⅱ)配合物的 HPLC-荧光法

2008 年南京大学的 Zhang Junfeng 等人合成了一种荧光物质 4-methoxy-2-(1H-naphtho[2,3-d]imidazol-2-yl)phenol(MNIP)，该物质与 Cu(Ⅱ)配位形成新型的 NO 荧光探针 MNIP-Cu。荧光探针 MNIP-Cu 与 NO 反应原理如图 3.8 所示。图 3.9 所示为荧光探针与 NO 反应产物的光谱图，将 NO 添加到 MNIP-Cu 中，30s 后荧光强度增加了 10 倍，5min 后荧光强度增加了 40 倍，这些说明了该探针可直接与 NO 作用，不需要存在或者检测 NO 的氧化产物。色谱的流动相采用乙腈（60%，体积分数）、0.01mol/L 的醋酸铵和 0.5% 的醋酸（40%，体积分数），流速为 500μL/min。内皮细胞和巨噬细胞采用脂多糖（LPS）激活。该方法的检出限为（17.1±2.8）nmol/L。

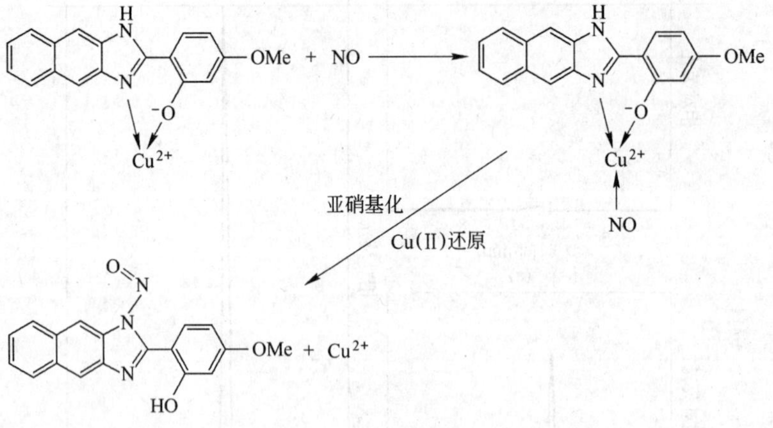

图 3.8 荧光探针 MNIP-Cu 与 NO 反应原理图

图 3.10 所示为 MNIP-Cu 及其与 NO 反应的色谱图。图 3.10(a) 中显示了 MNIP 的单峰，而当引入 Cu(Ⅱ)后，多出了几个峰（见图 3.10(b)）。当 MNIP-Cu 与 NO 反应 5min 后，可以看到一个对应 NO 衍生峰的存在（见图 3.10(c)）。采用了氯仿萃取除掉杂质，使图 3.10(d) 中杂质峰变少了。图 3.10(e) 中，巨噬细胞经 LPS 激活后与探针反应，再用氯仿萃取，可以看到明显的 NO 衍生峰，说

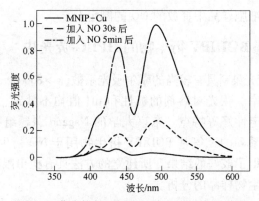

图 3.9　荧光探针 MNIP-Cu 与 NO 反应光谱图

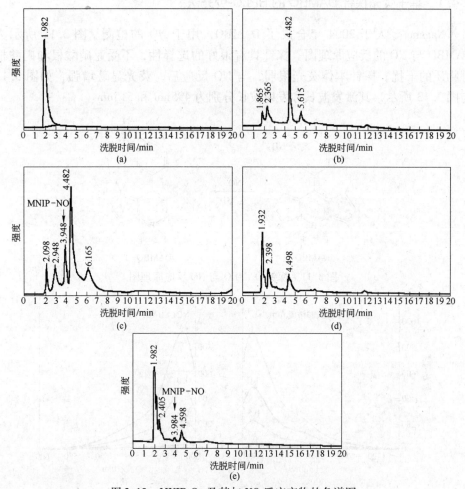

图 3.10　MNIP-Cu 及其与 NO 反应产物的色谱图

（a）MNIP；（b）MNIP-Cu；（c）MNIP-Cu 与 NO 反应 5min；（d）氯仿萃取 MNIP-Cu；

（e）巨噬细胞用 LPS 激活后与 MNIP-Cu 反应，用氯仿萃取

明该方法可以用于细胞样品中释放的 NO 的测定。

3.4　基于二氨基 BODIPY 衍生物的 HPLC-荧光法

BODIPY 类的荧光染料具有较高的摩尔吸光系数($\varepsilon > 80000 \mathrm{cm}^{-1} \cdot (\mathrm{mol} \cdot \mathrm{L}^{-1})$)、较高的荧光量子产率、荧光对溶剂的极性和 pH 值均不敏感、荧光光谱峰宽窄、荧光寿命长、光稳定性好等特点。东京大学的 Nagano 课题组和武汉大学的张华山课题组合成了一系列的二氨基 BODIPY 衍生物用于 NO 衍生，并进行了 HPLC 分析荧光测定，取得了较好的结果。所建立的方法具有检出限低、选择性好等优点，并应用于不同生物样品的分析。

3.4.1　基于荧光探针 DAMBO 的 HPLC-荧光法

Nagano 等人于 2004 年合成了 DAMBO，用于 NO 的检测。图 3.11 所示为 DAMBO 与 NO 的反应原理图。探针具有很好的选择性，不受亚硝酸根和硝酸根等物质的干扰。探针本体荧光很弱，与 NO 反应后，荧光显著增强，如图 3.12 与图 3.13 所示，其激发波长和发射波长分别为 495nm 和 515nm。

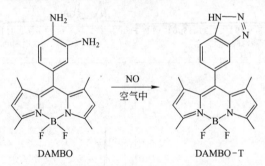

图 3.11　探针 DAMBO 与 NO 反应原理图

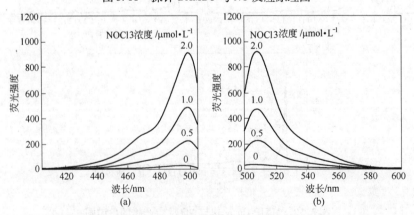

图 3.12　DAMBO 与不同浓度的 NOC13 反应 1h 后的激发光谱(a)与发射光谱(b)

(溶液为 0.1mol/L 的磷酸盐缓冲溶液 （pH = 7.4）)

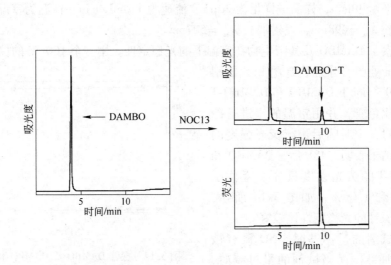

图 3.13 DAMBO 与 NO 在磷酸盐缓冲溶液（pH = 7.4）中 37℃ 下反应 1h 的色谱图

（流动相为乙腈与 0.1% 磷酸溶液（3∶2），流速为 1mL/min，
紫外-可见的检测波长为 495nm，荧光检测波长为 495/515nm）

张华山课题组于 2006 年将 DAMBO 应用于 HPLC-荧光法测定人体血样中的 NO。

NO 标准溶液的配制方法为：将 2mol/L H_2SO_4 溶液缓慢滴加到饱和的 $NaNO_2$ 溶液中，利用亚硝酸盐在酸性条件下的歧化反应产生 NO。产生的 NO 气体经两次 30% NaOH 溶液和一次水洗涤（除去由于痕量氧气使一氧化氮氧化产生的二氧化氮）后，采用排水集气法收集于一个 250mL 的试剂瓶中，瓶口用橡皮塞塞紧并蜡封，用玻璃注射器注入 25mL 通氮除氧的 PBS 溶液或二次蒸馏水并充分振荡，于室温下静置过夜即得 NO 饱和溶液（20℃ 时浓度为 2×10^{-3} mol/L）。在滴加 H_2SO_4 之前，所有的装置都通氮气除氧 30min，以确保生成的无色 NO 不被氧气快速氧化成红棕色的 NO_2。

DAMBO 与 NO 的衍生过程为：移取 2mL 2.50×10^{-5} mol/L DAMBO 和 1.50mL PBS（pH = 7.40）到 5mL 的比色管中，加入 25μL 的 NO 饱和溶液。在 37℃ 下搅拌 15min，用二次水定容，用 0.22 μm 的过滤膜过滤后，进行色谱分析。

样品的制备：血样通过静脉穿刺取出后，迅速加入到含有 2mL 2.50×10^{-5} mol/L DAMBO 和 1.50mL PBS（pH = 7.4）的 5mL 比色管中，在 37℃ 下搅拌 15min，在 3000 转下离心 10min 除掉沉淀物，过滤取出上层清液，再用 0.22μm 的过滤膜过滤，直接进样进行色谱分析。

色谱的分离条件：流动相为含有 50mmol/L 乙醇胺的甲醇，进样前，C_{18} 柱用流动相平衡 30min，样品进样量为 20μL，流速为 1.0mL/min，柱温为室温，荧光激发波长 λ_{ex} = 498nm，发射波长 λ_{em} = 507nm。

考察了 DAMBO 及其衍生物在室温下的光稳定性。用一个 100 W 的白炽灯泡在 10 cm 处照射分别装有用 PBS 配制的 6×10^{-6} mol/L DAMBO 和 DAMBO-T 溶液的比色管，并用室温的水进行冷却，照射一定时间后进行荧光强度的测定。结果表明，48h 后，DAMBO 和 DAMBO-T 的荧光强度只分别降低了 1.21% 和 1.00%，如图 3.14 所示，说明该探针的光稳定性比较好。

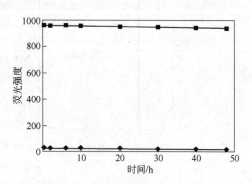

图 3.14　探针 DAMBO 及 DAMBO-T 的光稳定性实验

当试剂的量不够时，NO 没有被完全地捕获。而当试剂的量过剩时，就会对试剂造成损失。因此为了减少试剂损失并且使衍生尽可能地完全，一个适当的试剂用量是必要的。DAMBO 的浓度对衍生反应的影响研究结果表明，试剂浓度为 1.0×10^{-5} mol/L 时，衍生峰面积最大，选择 1.0×10^{-5} mol/L 为优化衍生试剂浓度。在 37℃，研究了反应时间对 DAMBO-T 的峰面积的影响。峰面积在反应时间为 15min 时基本达到最大。

研究了 DAMBO 和 DAMBO-T 的色谱分离条件。当流动相为纯甲醇时，衍生峰和试剂峰产生重叠，没有达到分离。以甲醇和水为流动相时，衍生峰和试剂峰能够基线分离，但是峰形不好，色谱峰比较矮且造成拖尾，灵敏度不高，这可能是因为 DAMBO 和 DAMBO-T 的水溶性不好，在色谱柱上洗脱不好引起的。往甲醇中分别加入三乙胺、三乙醇胺和乙醇胺作为添加剂时，结果发现加了乙醇胺的甲醇作为流动相时，DAMBO 和 DAMBO-T 在较短时间内达到基线分离，而且峰形最好。继续优化甲醇中乙醇胺的含量。流速为 1.0mL/min，当乙醇胺的含量低于 50mmol/L 时，衍生物与试剂峰的色谱峰分离不好，色谱峰有些拖尾，而当乙醇胺的含量高于 50mmol/L 时，在室温下，两组分在 4min 内就可以达到完全分离。选择含有 50mmol/L 乙醇胺的甲醇做进一步的研究，在最佳分离条件下两者的色谱分离图如图 3.15 所示。

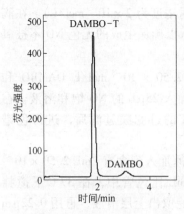

图 3.15　DAMBO 与 DAMBO-T 的色谱图

当 NO 的浓度在 $8.0 \times 10^{-10} \sim 8.0 \times 10^{-7}$ mol/L 之间时，其浓度与衍生物色谱峰面积成线性关系（$R = 0.9996$），线性回归方程为 $Y = 9.28X + 1.06$

（Y 是衍生物的峰面积；X 是 NO 的浓度，1.0×10^{-8} mol/L）。当信噪比等于 3 时，检测限为 2×10^{-11} mol/L。日间和日内精密度以及准确度见表 3.1，其相对标准偏差和相对误差分别小于 2.4% 和 2.5%。

表 3.1 方法的准确性和精密度

加入量/nmol·L⁻¹	测定值/nmol·L⁻¹	相对标准偏差/%	相对误差/%
日内（$n = 5$）			
0.80	0.81	1.32	1.25
5.00	5.02	1.46	0.40
50.00	50.30	1.42	0.60
100.00	99.28	1.12	-0.72
日间（$n = 3$）			
0.80	0.82	2.40	2.50
5.00	5.04	2.13	0.80
50.00	50.41	2.10	0.82
100.00	100.46	2.25	0.46

选择健康人和心脑血管病患者的血液作为分析对象。考查了血液中其他杂质对分析可能造成的干扰。在中性条件下，探针 DAMBO 不跟 NO_2^-、NO_3^-、O_2^-、H_2O_2 以及 HO^- 等反应，具有很高的选择性。由于人体的血液是一个很复杂的体系，存在着很多可能会跟 DAMBO 反应的物质，比如一些有机酸、醛还有酮类等，这些都可能会干扰血液中 NO 的测定。因此，对这些可能存在的干扰的考查是非常必要的。结果表明，在中性条件下，有机酸不跟 DAMBO 反应，虽然醛和酮在浓度较高的情况下跟 DAMBO 反应，但是反应物在 HPLC 中的保留时间都在 3min 以上，而 DAMBO-T 的保留时间为 1.98min，所以这些并不影响血液中 NO 的测定。该方法应用于正常人、脑血栓病患者、高血脂病患者、高血压病患者、脑中风病患者、冠心病患者、糖尿病患者以及直肠癌患者血样中 NO 的直接测定，其样品和加入回收色谱分离图如图 3.16 所示，分析结果见表 3.2，回收率 96.58% ~ 105.71% 之间，相对标准偏差在 1.5% ~ 4.7% 之间。

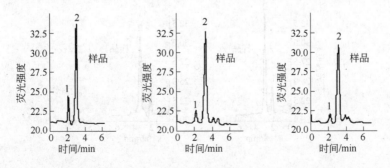

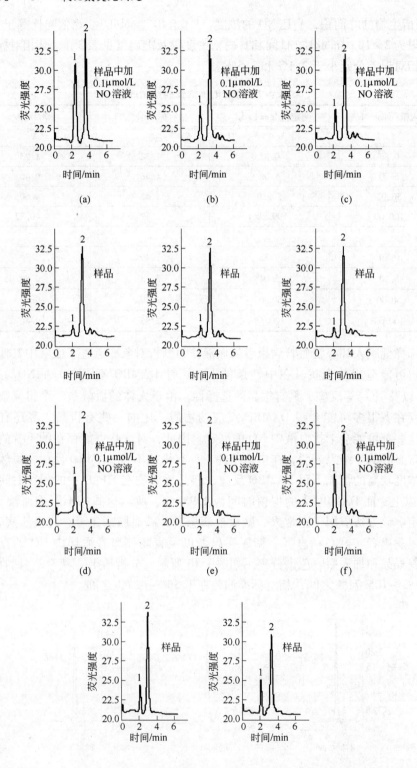

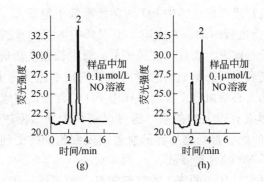

图 3.16　不同血样的色谱图
(a) 健康人血清 (0.5mL); (b) 高脂血病人血清 (0.5mL); (c) 糖尿病人血清 (0.5mL);
(d) 高血压病人血清 (0.5mL); (e) 脑中风病人血清 (0.5mL); (f) 直肠癌病人血清 (0.5mL);
(g) 冠心病病人血清 (1.0mL); (h) 脑血栓病人血清 (1.0mL)
1—DAMBO-T; 2—DAMBO

表 3.2　血样中 NO 分析

样　品	加入值 /μmol · L^{-1}	测定值 /μmol · L^{-1}	相对标准偏差 ($n = 6$)/%	回收率/%
健康人	0	0.908		
	1.00	1.952	2.42	104.40
高血脂	0	0.392		
	0.80	1.177	1.45	98.10
糖尿病	0	0.443		
	1.00	1.479	2.45	103.60
高血压	0	0.388		
	1.00	1.413	3.72	102.50
脑中风	0	0.377		
	0.90	1.317	2.19	104.48
直肠癌	0	0.396		
	1.00	1.374	3.64	97.80
冠心病	0	0.384		
	0.50	0.913	1.38	105.71
脑血栓	0	0.553		
	0.50	1.036	2.36	96.58

　　实验结果发现，无论是健康人还是患者血样中的 NO 都比用间接法检测低
1~2 个数量级，这表明，用该方法检测更能反映血样中 NO 的真实含量。表 3.2

的结果也表明心脑血管患者的血样中 NO 的含量都低于健康人。在不同的内皮舒张因子中，NO 在维持血管的动态平衡时，不仅影响血管的渗透性、软硬度，调节血管不同收缩因子的效果，而且在长期调节血管生长和重新塑造中起着非常重要的作用。很多研究表明，心脑血管患者的血管内皮细胞受到了损伤，NO 的合成也因此下降。因此，心脑血管患者的血样中 NO 的含量比健康人的低。糖尿病和心脑血管疾病的形成有很大的关系，这可以解释为什么糖尿病患者的血样中 NO 的含量比健康人的低。直肠癌患者的血管内皮细胞同样受到了损伤，血管内皮功能失调，导致了 NO 的含量降低。

　　生物样品量都很少，其中的 NO 浓度都很低，为了进一步提高检测灵敏度，降低检出限，将固相微萃取与 HPLC-荧光法相结合。对于复杂的生物体系，样品的预处理不仅可以除去体系中某些基质的干扰，而且还可以起到富集的作用，提高检测的灵敏度。相对于固相萃取和液-液萃取，固相微萃取具有使用溶剂少、富集倍数高、使用样品体积少、操作简单以及易于自动化等优点，因此在色谱分析法中得到了更为广泛的应用。相对于众多的填充柱，有机聚合物整体柱具有许多吸引人的优点。此外，有机聚合物整体柱材料采用原位聚合方法操作简单，可轻易将整体柱材料固定在小柱或不锈钢等支撑物中，不需额外的填装过程。这类整体柱材料合成后只需要进行简单清洗后就可以使用，被广泛地应用于液相色谱和固相萃取等技术。因此，采用有机聚合物整体柱材料作为固相微萃取介质，与涂层毛细管柱相比，有机聚合物毛细管整体柱可以使萃取介质的体积大大增加，从而提高萃取容量，此外，整体柱的对流传质特性比液相涂层的扩散传质更加利于萃取的进行，使得萃取可以在更短的时间内高效地完成。范毅等人曾采用聚（甲基丙烯酸-乙二醇二甲基丙烯酸酯）（P（MAA-EGDMA））整体柱管内固相微萃取与液相色谱联用分析某些生物样品中的化合物。张敏等人把以上方法改良后成功地用毛细管电泳分析了人尿液中的某些化合物。

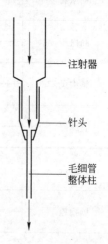

图 3.17　固相微萃取的装置图

　　结合荧光衍生试剂 DABMO 以及聚（甲基丙烯酸-乙二醇二甲基丙烯酸酯）（P（MAA-EGDMA））整体柱，建立了一种新的高效液相色谱分离荧光检测超痕量 NO 的方法，应用于少量人体血液、小鼠脏器组织细胞以及水生植物中 NO 的分析。

　　聚（甲基丙烯酸-乙二醇二甲基丙烯酸酯）（P（MAA-EGDMA））整体柱为 $2cm \times 530\mu m$。固相微萃取的装置如图 3.17 所示。采用 CP 2000 泵。

　　萃取过程如图 3.18 所示。首先，在注射器中吸入 0.30mL 的甲醇，然后用泵以 0.075mL/min 的速度缓慢地排出萃取柱，以其对柱子进行预处理。随后同以上操作，用 0.20mL PBS（pH =7.4）以 0.20mL/min 的速度平衡柱子。2mL 样品在吸进注射器后，在泵的作用下以同样的速度排出萃取柱，分析物被萃取在柱子上。吸入 0.05mL 的甲醇，以 0.075mL/min 的速度解吸。洗出液收集后直接进行色谱分析。为了避免干扰，在以上过程中分别使用不同的注射器。

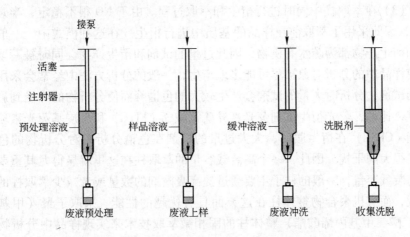

图 3.18　固相微萃取的萃取过程

　　流动相由甲醇和乙醇胺配制，乙醇胺的浓度为 50mmol/L，进样前，C_{18} 柱用流动相平衡 30min，样品进样量为 20μL，流速为 1.0mL/min，柱温为室温，荧光激发波长 λ_{ex} =498nm，发射波长 λ_{em} =507nm。

　　血样取自 6 个健康人、6 个脑中风患者、6 个高血压患者、6 个高血脂患者、6 个糖尿病患者以及 6 个高脂血压患者。所有的样品都取自指尖血。血样取出后迅速加入到含有 2mL 2.50×10^{-5} mol/L DAMBO 和 2.50mL PBS（pH = 7.4）的 10mL 比色管中，然后在 37℃ 下搅拌 15min，定容后，在 5000 转下离心 10min 除掉沉淀物，取出上层清液，再用 0.22μm 的过滤膜过滤，滤液经过固相微萃取后进行色谱分析。

　　取成年小鼠一只，浸泡于 75% 酒精内，使其窒息死亡，迅速移入超净台内，分别用 2% 碘酊、75% 乙醇消毒小鼠皮肤，用医用镊剪打开胸腔，取出心脏、肝脏以及肾脏，用无菌 PBS 液洗净血液，用滤纸吸干后称重。将以上脏器剪碎后，用胰酶消化。结束消化，分别加入含有 LPS 和 L-Arg 以及 L-Arg 和 L-NNA 的两份溶液中，然后再加入用 PBS 配制的 DAMBO 溶液。在 37℃ 下浸泡 40min 后，超声破膜，定容后在 5000 转下离心 10min，取出上层清液，再用 0.22μm 的过滤膜过滤，滤液经过固相微萃取后直接进行色谱分析。

　　水生植物黄花水蓉、狐尾草、微齿眼子菜、野菱白等洗净后，室温下吹干，准确称重 0.40g，加入到含有 2mL 2.50×10^{-5} mol/L DAMBO 和 2.5mL PBS（pH =

7.4）的 10mL 比色管中，捣碎后在 37℃ 下浸泡 40min，定容后过滤，在 5000 转下离心 10min，取出上层清液，再用 0.22μm 的过滤膜过滤，滤液经过固相微萃取后直接进行色谱分析。

与固相微萃取相结合的液相色谱分析中，一般衍生模式主要包括以下三种：（1）萃取前，在样品的基质中进行衍生过程。（2）试剂萃取后，在萃取柱中进行衍生。（3）在萃取柱中同时进行衍生和萃取过程。由于 NO 很不稳定，半衰期小于 10s，因此采用了萃取前在样品的基质中进行衍生。在这种模式中，一般由于试剂和衍生产物都为疏水有机物，因此过量的试剂和衍生产物会同时被萃取。而为了使样品中的分析对象被尽可能多地衍生，一般的分析方法中经常会采用过量很多的试剂，分析时大量的试剂会产生较大的色谱峰而使分析物的峰受到影响甚至掩盖，比如，荧光衍生试剂荧光素异硫氰酸酯（FITC）和 5-羧基荧光素琥珀酰亚胺酯（CFSE）在衍生胺时，大大过量的试剂在色谱分析中对分析物的色谱峰造成了很大的干扰。因此，一个高装载容量的萃取柱在这里就显得尤其重要。为了提高装载容量，一般的柱子主要通过提高吸附剂的数量或者减少萃取柱的空隙来实现，而有机聚合物整体柱在这方面具有优越的性能。采取了聚（甲基丙烯酸-乙二醇二甲基丙烯酸酯）整体柱的固相微萃取技术来实现样品中分析物的分离富集。

在萃取方式确定的情况下，色谱分离荧光检测的分析体系中，要求衍生试剂本体荧光尽可能地小以及衍生反应转化率尽可能地高，这样可以有效地避免色谱分析中衍生试剂峰的放大效应。虽然 1,3,5,7-四甲基-8-苯基-二氟化硼-二吡咯甲烷具有很高的荧光强度，但是当其苯环上多了两个邻位给电子基团—NH_2 后，它的荧光受到了抑制，量子产率只有 0.001。当给电子基团变成拉电子基团时，它又变回了强荧光的物质。所以当 DAMBO 和 NO 反应生成 DAMBO-T 后，量子产率由 0.001 升到了 0.40。这个现象和 Munkholm 等人在荧光胺从胺变成酰胺时所观察到的现象是一致的。此外，DAMBO 和 NO 反应时只需过量 1.10 倍，转化率就可以达到最高，这优于很多荧光衍生试剂，DAMBO 和 NO 反应还具有很高的专一性，试剂和反应产物有很高的光稳定性，这些都有利于有机聚合物整体柱固相微萃取和液相色谱分析。

为了尽量减少基质对衍生反应的影响，DAMBO 和 NO 衍生反应首先在加有血液的基质中进行，10μL 的血样加入到含有 2.5mL PBS（pH = 7.4）的比色管中，通气排 NO 后，加入 2mL 2.50×10^{-5}mol/L DAMBO 以及 25μL NO 饱和溶液，影响 DAMBO 与 NO 衍生反应的因素主要有 DAMBO 的浓度和反应时间。

在 4.00×10^{-6}~1.4×10^{-5}mol/L 浓度范围内考查了衍生试剂浓度的影响，实验发现，选择最佳衍生试剂浓度为 1.00×10^{-5}mol/L。在 37℃ 下，研究了反应时间对 NO 衍生物的峰面积的影响。峰面积在反应时间为 15min 时基本达到最

大。研究了在水生植物中 DAMBO 与 NO 的最佳反应时间，结果发现当反应时间
为 40min 时，衍生物的峰面积达到了最大，所以在测定水生植物中的 NO 时，最
佳衍生时间为 40min。

萃取容量、萃取流速、pH 值等对有机聚合物整体柱的萃取效率有很大的影
响，为了获得较好的萃取效率，对影响整体柱的萃取效率的参数进行了优化。

过多的样品装载会导致分析物得不到充分的富集，而过少的样品装载则会降
低萃取的富集倍数。为了考查萃取柱对 DAMBO-T 的萃取性能，测定了它的萃取
平衡曲线。DAMBO-T 的浓度为 2×10^{-8} mol/L，恒定萃取流速为 0.20mL/min，每
次用 0.40mL 的甲醇洗脱，洗脱速度为 0.075mL/min，逐渐将萃取体积从 2mL 增
大到 8mL，峰面积随着萃取体积的增大而增大，当萃取体积为 8mL 时，仍未达到
萃取平衡，表明萃取柱对 DAMBO-T 具有很强的萃取能力。根据实验对萃取时间
和萃取灵敏度的要求，选择 2mL 样品装载量。

对萃取的流速进行了优化。在 0.12~0.30mL/min 的流速范围内考查了萃取
流速的影响，随着流速的增大，萃取效率稍微上升，当达到 0.20mL/min 时，萃
取效率达到了最大。继续增大萃取流速，萃取效率有所下降，选择 0.20mL/min
流速进行后续实验。研究已经表明，样品中缓冲溶液的浓度对萃取效率影响不
大，由于实验是在中性条件下进行，选择 PBS（pH = 7.4）作为实验的缓冲
溶液。

对影响萃取柱解吸的参数进行了优化。用 0.05mL 甲醇洗脱，同样的过程重
复 6 次。结果表明，用 0.05mL 的甲醇第一次洗脱的 DAMBO-T 就达到了 90% 以
上，而进一步增大甲醇的用量反而降低了富集的效率。因此选择 0.05mL 的甲醇
作为洗脱溶剂进行后续实验。还在 0.05~0.2mL/min 范围内考查了解吸速度对萃
取效率的影响，本着节省解吸时间和提高萃取效率的原则，选择 0.075mL/min 的
解吸速度进行后续实验。

萃取结束后，生物样品中的一些杂质或
者蛋白质可能会析出来，对萃取柱造成污染
并降低萃取效率。因此，萃取完成时，立即
用 0.2mL 的 PBS（pH = 7.4）在 0.2mL/min
的流速下清洗萃取柱，以确保萃取的重现性。
同时，用 0.3mL 的甲醇在同样的流速下对萃
取柱进行清洗，避免上面可能残留的分析物
对下次实验造成干扰。

图 3.19 中聚（甲基丙烯酸-乙二醇二甲
基丙烯酸酯）（P（MAA-EGDMA））整体柱对
DAMBO-T 进行萃取的色谱图，与直接进样的
色谱图进行比较，可知 DAMBO-T 得到了明

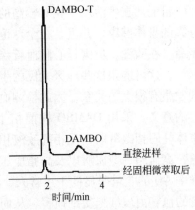

图 3.19 直接进样和经固相
微萃取后的色谱图

显的富集，表明基于聚（甲基丙烯酸-乙二醇二甲基丙烯酸酯）整体柱的固相微萃取方法使对分析物的检测得到了较大的提高。

移取不同量的 NO 饱和溶液，在选定的条件下进行分离测定，当 NO 的浓度在 $9 \times 10^{-11} \sim 4.5 \times 10^{-8} \, mol/L$ 之间时，其浓度与衍生物色谱峰面积成线性关系（$R^2 = 0.9982$），线性回归方程为 $Y = 72.67X + 1.12$（Y 是衍生物的峰面积；X 是 NO 的浓度，$1.0 \times 10^{-9} \, mol/L$）。当信噪比等于 3 时，检出限为 $2 \times 10^{-12} \, mol/L$。日间和日内精密度以及准确度见表 3.3，相对标准偏差和相对误差分别小于 3.2% 和 2.0%。

表 3.3　方法的精密度和准确性

加入量/nmol·L^{-1}	测定值/nmol·L^{-1}	相对标准偏差/%	相对误差/%
日内（$n = 5$）			
0.50	0.51	1.78	2.00
5.00	5.03	2.78	0.60
15.00	14.98	1.21	−0.13
日间（$n = 5$）			
0.50	0.51	2.56	2.00
5.00	5.08	2.41	1.60
15.00	15.26	3.14	1.73

通常，在大部分的实验研究和临床诊断中，所用的血样大都通过静脉穿刺获得。这不仅给患者带来心理上的压力，同时也增加了他们感染各种疾病的几率。为了尽可能地减少患者的痛苦和提高方法在临床应用上的实用性，所用的血样均取自健康人和患者的指尖血。

目前，在生活水平相对较高的发达国家里，心脑血管疾病正威胁着很大一部分人的身体健康。并且，在全球范围内，这种疾病每年都使很多人丧失了宝贵的生命。在欧洲，英国是心脑血管疾病发生率最高的国家，尤其是在苏格兰和北爱尔兰，这可能跟这些地区人民的生活习惯有关。而血液中的 NO 跟心脑血管疾病的发生有很大的关系，因此检测血样中的 NO 对于心脑血管疾病的诊治具有很重要的意义。采用 DAMBO 柱前衍生，聚（甲基丙烯酸-乙二醇二甲基丙烯酸酯）整体柱固相微萃取，反相高效液相色谱分离荧光检测了健康人以及脑中风、高血压、高血脂、糖尿病以及高脂血压等患者血样中的 NO 含量。结果发现，患者血样中 NO 的含量明显低于正常人，这和很多有关报道结果一致。这结果可能和患者的血管内皮细胞受到损害，从而导致血液中 NO 释放量下降有关。样品分离色谱图如图 3.20 所示，分析结果见表 3.4，相对标准偏差低于 3.42%，回收率为 87.4% ~ 91.6%。

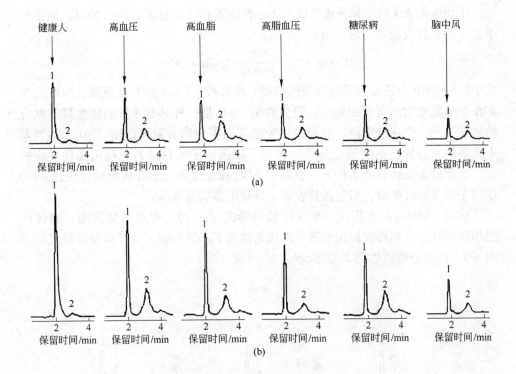

图 3.20 不同血清样品的色谱图

(a) 血样色谱图；(b) 样品中添加 0.10μmol/L NO

1—DAMBO-T；2—DAMBO

表 3.4 人血清样品分析

样 品	加入量 /μmol·L⁻¹	测定值 /μmol·L⁻¹	相对标准偏差(n=6)/%		回收率/%
			日内	日间	
健康人	0	0.889	1.42	2.80	
	0.45	1.295	1.52	2.75	90.12
高血压	0	0.452	1.82	2.79	
	0.45	0.850	1.76	2.86	88.50
高血脂	0	0.426	1.65	2.84	
	0.45	0.828	1.52	2.91	89.40
高脂血压	0	0.394	1.46	2.94	
	0.45	0.787	1.57	3.08	87.40
糖尿病	0	0.362	1.84	3.32	
	0.45	0.774	1.90	3.42	91.60
脑中风	0	0.321	1.43	3.15	
	0.45	0.724	1.54	3.28	89.60

生物体内 NO 的生物合成是以 L-Arg 为底物在一氧化氮合酶（NOS）的催化下发生的，其反应式可表示为：

$$L\text{-}Arg + O_2 \xrightarrow[\text{NADHP}]{\text{NOS}} L\text{-}Cit + NO$$

式中，NADHP 为还原型尼克酰胺酰嘌呤二核苷酸；L-Cit 为 L-胍氨酸。NOS 几乎存在于哺乳动物的所有细胞中。研究表明，NO 是一种具有多种病理生理学效应的活跃分子，它在肝细胞、血管内皮细胞等损害中起着重要作用。NO 作为脏器中重要的非特异性免疫效应分子，参与了细胞因子所致脏器免疫损伤性反应机制。在免疫损伤性刺激条件下，脏器中 NOS 和亚铁血红素合成酶均过表达，NO 作用于氧合血红蛋白，引起血管收缩，导致脏器功能紊乱。

应用 DAMBO 柱前衍生，聚（甲基丙烯酸-乙二醇二甲基丙烯酸酯）整体柱固相微萃取，反相高效液相色谱分离荧光检测了小鼠心脏、肾脏以及肝脏组织中的 NO，色谱分析图如图 3.21 所示。

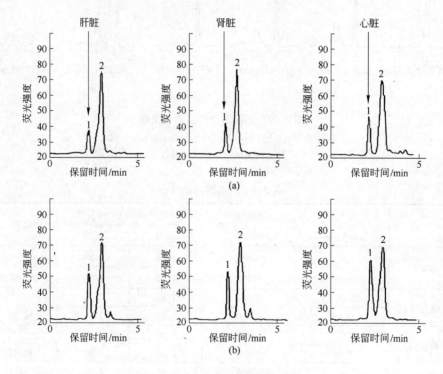

图 3.21 老鼠脏器样品色谱分析图

(a) 老鼠脏器样品色谱图；(b) 样品中添加 0.1μmol/L NO

1—DAMBO-T；2—DAMBO

分析结果见表 3.5，当往小鼠心脏组织细胞中加入不同浓度的 L-Arg（1mmol/L、2mmol/L、3mmol/L）时，随着 L-Arg 浓度的增大，释放的 NO 浓度增加，这时对应的 NO 浓度分别为 212nmol/L、302.1nmol/L、397.5nmol/L（$n = 5$）。而当加入 NO 释放抑制剂 N^ω-硝基-L-精氨酸（L-NNA）（L-Arg 2mmol/L + L-NNA 1mmol/L、L-Arg 2mmol/L + L-NNA 1.5mmol/L）时，NO 的释放量分别下降了 52% 和 72%。老鼠的心脏组织细胞中，NOS 主要存在两种形式：iNOS 和 cNOS。对应的，当 L-Arg 的浓度增大时，心脏中的 cNOS 能提高 L-Arg 转化成 L-胍氨酸和 NO 的量；相反地，L-NNA 的加入抑制了 L-Arg 在 NOS 的催化作用下产生 NO。当加入 L-NNA（L-Arg 2mmol/L + L-NNA 1mmol/L、L-Arg 2mmol/L + L-NNA 1.50mmol/L）时，肾脏和肝脏中释放 NO 的量都下降了（分别为 33%、61% 和 41.60%、63.50%）。

表 3.5 L-Arg 和 L-NNA 对于老鼠脏器组织释放 NO 的影响

老鼠脏器样品	加入药品	测定浓度/mmol·L^{-1}	NO 浓度/nmol·L^{-1}
心脏	L-Arg	1	212.0
		2	302.1
		3	397.5
	L-Arg + L-NNA	L-Arg 2 + L-NNA 1	145.0
		L-Arg 2 + L-NNA 1.5	84.6
肾脏	L-Arg	1	142.4
		2	202.6
		3	266.7
	L-Arg + L-NNA	L-Arg 2 + L-NNA 1	135.6
		L-Arg 2 + L-NNA 1.5	79.1
肝脏	L-Arg	1	93.9
		2	133.8
		3	176.3
	L-Arg + L-NNA	L-Arg 2 + L-NNA 1	78.1
		L-Arg 2 + L-NNA 1.5	48.9

应用同样的方法，测定了黄化水蓉、狐尾草、微齿眼子菜、野茭白等水生植物中 NO 的含量（见图 3.22 和图 3.23）。分别对黄花水蓉的叶子、茎尖、茎以及根部中的 NO 进行了分析，分析结果见表 3.6。

Leshem 等人曾经研究了植物组织中 NO 在成熟和衰老过程中含量的变化，以及在胁迫条件下 NO 与乙烯之间量的关系。实验结果发现，未成熟果实中的 NO 含量比成熟果实中 NO 的含量高，如鳄梨和香蕉，未成熟组织中 NO 的含量分别约是成熟组织中的 10 倍和 4 倍，且随着果实的成熟和衰老，其内源 NO 的水平逐渐降低，乙烯的水平逐渐升高。同样，花卉也可以释放 NO，三友花新鲜时期 NO

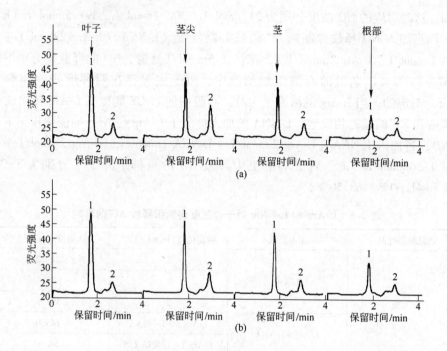

图 3.22 黄花水蓉的色谱图

（a）黄花水蓉样品色谱图；（b）样品中添加 0.1μmol/L NO

1—DAMBO-T；2—DAMBO

表 3.6 水生植物样品分析

样 品		加入量 /nmol·L⁻¹	测定值 /nmol·L⁻¹	相对标准偏差（n=6）/%		回收率/%
				日内	日间	
黄花水蓉	叶子	0	218	1.32	1.94	
		70	283	1.42	2.11	92.86
	茎尖	0	196	1.45	2.05	
		60	250	1.36	2.16	90.00
	茎	0	164	1.56	2.44	
		50	210	1.75	2.71	92.00
	根部	0	95	1.24	2.64	
		30	122	1.46	2.32	89.97
狐尾草		0	174	1.84	2.87	
		60	229	1.92	2.71	91.67
野茭白		0	153	1.83	2.35	
		50	198	1.91	2.42	89.98
微齿眼子菜		0	252	1.72	2.80	
		80	323	1.42	2.75	88.75

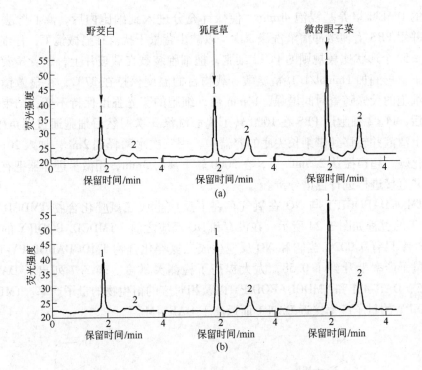

图 3.23 狐尾草、微齿眼子菜、野芰白的色谱图

(a) 水生植物色谱图；(b) 样品中添加 0.1μmol/L NO

1—DAMBO-T；2—DAMBO

的释放量约是枯萎时期释放量的 2.5 倍。由此可推断，NO 可能通过抑制内源乙烯的合成或降低组织对乙烯的敏感度从而延缓组织的成熟衰老。内源 NO 含量降低，乙烯含量升高。实验结果也表明了这一点，黄花水蓉的叶子和茎尖中 NO 的浓度明显比其茎和根部中 NO 的浓度要高。

3.4.2 基于荧光探针 TMDCDABODIPY 的 HPLC-荧光法

将荧光探针 TMDCDABODIPY（DAMBO-CO$_2$ET）用于 NO 的 HPLC 检测。

样品准备：嗜铬细胞癌株 PC12 细胞用含 5% 胎牛血清和 10% 马血清的 DMEM 培养液（含青霉素钠 100 U/mL，链霉素 0.10mg/mL，pH = 7.40）将细胞稀释为每毫升悬液含 2×10^5 个细胞，接种于预先用多聚赖氨酸（10μg/mL）处理过的 24 孔培养板中，于 37℃，5% CO$_2$ 条件下培养，待细胞长满孔底后即可用于实验。在细胞培养基中加入 LPS（12.5μg/mL），孵化 12h 后，细胞用于实验。

实验方法：PC12 细胞用 LPS 激活以后，在 37℃ 下用含有 3×10^{-6}mol/L 荧光探针的 DMEM 培养基浸泡 40min，使探针充分进入到细胞内后，离心除去培养基，并用 PBS 生理缓冲溶液洗涤 3 次，以减少背景干扰。在显微镜下，仔细挑选 200（±5）个形状比较规则的 PC12 细胞，把细胞装载在载玻片上，放置于荧光显微镜下，再滴加 1mmol/L L-精氨酸。载物台的温度保持在 37℃，在显微镜下观察到细胞的荧光随着时间增强，14min 后，细胞的荧光强度保持不变，结束成像实验后，PC12 细胞用 PBS 在 1000 转下离心洗涤 3 次。然后细胞通过超声破膜，取出上清液并转移到带细长尖底的容器中，用三次水稀释到 2mL，加入 20μL 的四氯化碳，超声振荡 2.5min 后，在 5000 转下离心 3min，用微量进样器把有机相取出并直接进样进行色谱分析。

TMDCDABODIPY 与 NO 在氧气存在下反应生成三氮唑化合物 TMDCDABO-DIPY-T 的过程如图 3.24 所示。在没有和 NO 反应之前，TMDCDABODIPY 的荧光量子产率只有 0.002，当它和 NO 反应生成三氮唑化合物 TMDCDABODIPY-T 后，荧光量子产率上升到了 0.58，大大提高了检测灵敏度。表 3.7 列出了 DAN-1、DAF-5、DAR-4M 和 TMDCDABODIPY 以及相对应的衍生物的量子产率。TMDCDABODIPY 的量子产率接近 DAN-1 而远高于 DAR-4M。

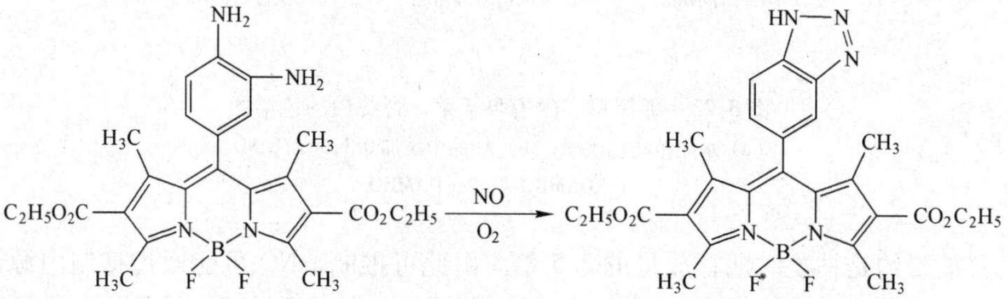

图 3.24　TMDCDABODIPY 与 NO 反应机理

表 3.7　一些 NO 荧光探针及相应三氮唑产物的荧光性质

荧光探针	摩尔吸光系数 /L·mol^{-1}·cm^{-1}	最大吸收峰 /nm	三氮唑的最大 发射波长/nm	荧光量子产率
DAN-1	0.6×10^{-4}	340		0.002
（DAN-1）-T	0.6×10^{-4}	360	447	0.63
DAF-5	7.9×10^{-4}	486		0.007
（DAF-5）-T	7.3×10^{-4}	491	513	0.70
DAR-4M	7.8×10^{-4}	543		0.0005
（DAR-4M）-T	7.6×10^{-4}	554	572	0.42
TMDCDABODIPY	7.4×10^{-4}	494		0.002
TMDCDABODIPY-T	5.5×10^{-4}	498	510	0.58

TMDCDABODIPY 和 NO 反应具有很好的选择性。如图 3.25 所示，在中性条件下，TMDCDABODIPY 和 NO_2^-、NO_3^-、O_2^-、H_2O_2 以及 OH^- 分别反应 30min 后进行荧光检测，反应体系的荧光强度并没有明显的改变，只有在加入 NO 后，体系的荧光强度才急剧地增加。

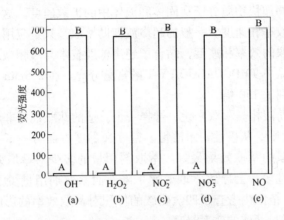

图 3.25　TMDCDABODIPY（6μmol/L）与 NO 及不同物质反应后的荧光强度
（每种物质加进去后都在 37℃搅拌 30min）

（a）高氯酸铁（100μmol/L）和 H_2O_2（1μmol/L）；（b）H_2O_2（1μmol/L）；

（c）$NaNO_2$（1μmol/L）；（d）$NaNO_3$（1μmol/L）；（e）NO（8μmol/L）

A—未加 NO 溶液；B—加入 8μmol/L 的 NO 溶液

为了进一步证明细胞中 TMDCDABODIPY 和 NO 反应的专一性，进行了对比实验。PC12 细胞用 LPS 激活以后，在 37℃下用含有 3×10^{-6} mol/L 荧光探针的 DMEM 培养基浸泡 40min，使探针充分进入到细胞内后，离心除去培养基，并用 PBS 生理缓冲溶液洗涤 3 次，以减少背景干扰。加入 1mmol/L 的 NO 合酶抑制剂 L-NNA，把细胞装载在载玻片上，放置于荧光显微镜下，滴加 1mmol/L L-精氨酸，一直到 30min 后，细胞的荧光都没有增强，这表明细胞荧光增强只是由其释放的 NO 引起，说明了 TMDCDABODIPY 和 NO 反应具有很好的专一性。

影响 TMDCDABODIPY 与 NO 衍生反应的因素较多，主要的有 TMDCDABO-DIPY 的浓度和反应时间等。当试剂的量不够时，NO 就没有被完全地捕获。而当试剂的量过剩时，就会对试剂造成损失。因此为了减少试剂损失并且使衍生尽可能地完全转化，一个适当的试剂用量是必要的。TMDCDABODIPY 的浓度对衍生反应的影响研究结果表明，当 NO 为 20μL 饱和溶液，衍生试剂的浓度在 $2.50 \times 10^{-6} \sim 4 \times 10^{-6}$ mol/L 之间时，衍生物的峰面积达到最大并且稳定。选择 3.00×10^{-6} mol/L 为衍生试剂浓度。

在 37℃下，研究了反应时间对 NO 衍生物的峰面积的影响。峰面积在 25min 时达到最大，继续延长反应时间，衍生物的峰面积没有太大的变化，选择 25min

为优化的衍生反应时间。

为了进一步提高检测灵敏度，采用了液相微萃取技术。分别以四氯化碳、甲苯、氯仿、4-辛醇、正己烷以及二异丙醚为萃取剂，萃取水溶液中的 TMDCDA-BODIPY-T。四氯化碳的萃取效果最好。

超声振荡能够加快物质分子在固体和液体中的扩散速度。这也说明，超声辅助能够提高萃取效率和速度。一般的超声波辅助萃取都只是应用在大体积的萃取中。为了提高萃取的效率和速度，结合了超声辅助技术与液相微萃取技术，并将其应用于细胞样品中 TMDCDABODIPY-T 的富集分离。在 2.5min 内，对三氮唑的最大富集倍数达到了 150 倍。

对于超声辅助液相微萃取来说，选择一个合适的萃取剂是非常重要的。本着"相似相溶"的原则，从极性、水溶性、密度和黏度方面考查了一些常用的憎水性试剂。四氯化碳的萃取效果最好。萃取剂用量的多少对萃取效率有很大的影响。萃取剂用量过多，会导致萃取效率下降，而萃取剂用量少了则使萃取不充分。在 10~40μL 范围内考查了四氯化碳的体积对萃取效率的影响，当四氯化碳的用量为 20μL 时，萃取的效率最高。

研究了超声振荡时间对萃取效率的影响，当振荡时间少于 2.5min 时，萃取效率没有达到最高，而当振荡时间高于 2.5min 时，萃取效率基本保持不变，这是因为超声振荡时间过短时，四氯化碳在溶液中不能充分地扩散开来形成大量的小泡对溶液中的 TMDCDABODIPY-T 进行富集。

在超声辅助液相微萃取中，超声振荡使得有机相在水相中完全分散开来，并形成大量的小泡，使得萃取效率变得更高。为了在短时间内使得有机相和水相完全分开并使四氯化碳沉降下来，采用了离心沉降的方法。当离心转数为 5000 时，最佳离心时间为 5min。

配制 TMDCDABODIPY 的浓度为 5nmol/L，用超声辅助液相微萃取反应产物，进行高效液相色谱分离荧光检测。当 $n=6$ 时，相对标准偏差为 4.8%，回收率为 92.3%，TMDCDABODIPY-T 萃取和未萃取的色谱图如图 3.26 所示。

TMDCDABODIPY 和 TMDCDABODIPY-T 在 4min 内就实现了基线分离。流动相为含有 50mmol/L 乙醇胺的甲醇，流速为 1.0mL/min，温度为室温。当 TMDCDA-BODIPY 的浓度为 6×10^{-6} mmol/L 时，用

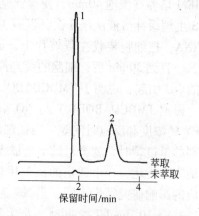

保留时间/min

图 3.26　TMDCDABODIPY-T 萃取和
未萃取的色谱图

（TMDCDABODIPY-T 浓度为 4.5×10^{-8} mol/L）

1—TMDCDABODIPY-T；2—TMDCDABODIPY

紫外-可见光检测器检测所得到的色谱图如图 3.27(a)所示。

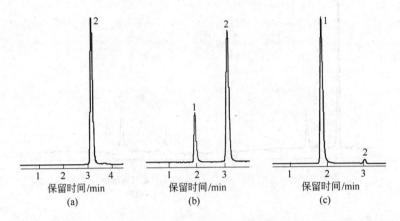

图 3.27 使用不同检测器的色谱图

(TMDCDABODIPY（6×10^{-6} mol/L）和 NO（8×10^{-6} mol/L）

在 PBS（pH=7.4）中 37℃下反应 25min）

(a) TMDCDABODIPY 的 UV-Vis 检测，检测波长为 500nm；(b) TMDCDABODIPY 和

TMDCDABODIPY-T 的 UV-Vis 检测；(c) TMDCDABODIPY 和

TMDCDABODIPY-T 的荧光检测（$\lambda_{ex}=500$nm，$\lambda_{em}=510$nm）

1—TMDCDABODIPY-T；2—TMDCDABODIPY

当 TMDCDABODIPY 和 8.0×10^{-6} mmol/L 的 NO 反应后，分别用紫外-可见光检测器和荧光检测器检测所得的色谱图分别如图 3.27(b)和(c)所示。实验结果发现，当采用荧光检测器检测时，TMDCDABODIPY 的峰面积比 TMDCDABO-DIPY-T 要低得多，这可以大大减小试剂峰对分离和检测可能带来的干扰。在用荧光检测器检测时，TMDCDABODIPY-T 的峰面积要远大于采用紫外-可见光检测器，这说明采用荧光检测器检测可以提高检测的灵敏度。

移取不同量的 NO 饱和溶液，在选定的衍生反应条件、色谱分离条件以及萃取条件下进行分离测定，当 NO 的浓度在 $2.5 \times 10^{-11} \sim 5.00 \times 10^{-8}$ mol/L 之间时，其浓度与衍生物色谱峰面积成线性关系（$R=0.998$），线性回归方程为 $Y=23.86$ $X+6.46$（Y 是衍生物的峰面积；X 是 NO 的浓度，1.0×10^{-9} mol/L）。当 NO 的浓度为 1.0×10^{-9} mol/L 时，相对标准偏差为 3.82%（$n=6$），当信噪比等于 3 时，检出限为 2.5×10^{-13} mol/L。按照 20μL 进样体积计算，相对的质量检出限为 5×10^{-18} mol（5amol）。

将该方法用于 PC12 细胞中 NO 的测定。为了排除样品自身的干扰，对所有样品在 $\lambda_{ex}/\lambda_{em}=500$nm/510nm 处进行荧光分析，发现没有荧光。在色谱分离中，TMDCDABODIPY-T 的保留时间在 1.95min，如图 3.28(a)所示。

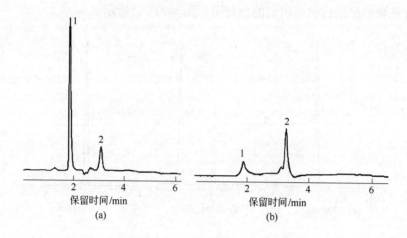

图 3.28　标准溶液(a)和 200(±5) PC12(b)的色谱图
1—TMDCDABODIPY-T；2—TMDCDABODIPY

用以上方法对 200(±5)个 PC12 细胞中的 NO 检测的色谱图如图 3.28(b)所示。PC12 细胞的直径大小在显微镜下直接测定。通过计算，单个 PC12 细胞释放 NO 的速度为每 30min 1.76fmol。

3.5　荧光分光光度法

16 世纪，西班牙的内科医生和植物学家 N. Monards 记录了荧光现象，直到 1852 年，Stokes 在考察奎宁和叶绿素的荧光时，才判明这种现象是这些物质在吸收光能后重新发射不同波长的光，从而引入了荧光是光发射的概念。1880 年，Liebeman 提出了最早的关于荧光与化学结构的关系的经验法则。荧光是指分子因吸收外来辐射的光子能量而被从基态激发至激发态，再由第一电子激发单重态所发射的辐射跃迁回到基态而伴随的发光现象。溶液荧光分光光度法通常具有如下特征：(1)斯托克斯位移，即在溶液荧光光谱中所观察到的荧光波长总是大于激发光的波长；(2)荧光发射光谱的形状与激发波长无关；(3)吸收光谱的镜像关系；(4)灵敏度高、选择性好；(5)方法简捷、取样量少、仪器设备不太复杂，且重现性好。

19 世纪末，已经发现的荧光物质有 600 种以上。近几十年来，关于荧光的研究及荧光分析的发展已大大推进；同时各种荧光分析仪器的问世，使荧光分析法不断朝着高效、痕量、微观和自动化的方向发展，方法的灵敏度、准确度和选择性日益提高，应用范围不断扩展，遍及各种科学研究领域。在荧光分析中可采用不同的实验方法对分析物质浓度进行测定，常规的荧光分光光度法可分为荧光增强法和荧光猝灭法。荧光增强法是利用待测目标离子使荧光物质自身发射的荧光逐渐增强，以此进行定量测定。分子自身产生荧光必须具备两个条件：一是该物质必须具有与所照射光线相同频率的吸收结构，二是吸收了与其本身特征频率相同的能量之后，必须具有一定的荧光量子产率。荧光猝灭法有多种，常用的大体可分为如下几种：（1）氧化荧光猝灭法，被测物质本身不发荧光，但具有使某种荧光化合物的荧光猝灭的能力，通过测量荧光化合物荧光强度的卜降值，可以间接地测量该被测物质的含量；（2）催化炎光猝火法，利用被测物质或其他物质对某个荧光反应的催化作用，或被测物质及其他物质催化某个反应，所得反应产物对荧光体具有抑制作用，从而间接地对该被测物质进行定量测量；（3）络合荧光猝灭法，利用被测物质与荧光物质以共价或非共价形式结合形成络合物，使得荧光物质荧光强度降低，从而间接地对该被测物质进行测定。

分光光度法的理论基础是光的吸收定律，即朗伯-比尔（Lambert-Beer）定律。朗伯-比尔定律：物质在一定浓度下的吸光度与它的吸收介质的厚度与吸光物质的浓度的乘积呈正比，其数学表示式如下：$A = \varepsilon bc$（A 为吸光度，又称光密度、消光值；ε 为摩尔吸光系数；b 为吸收介质的厚度，cm；c 为吸光物质的浓度，mol/L）。分析过程中光程长度保持不变，所以吸光度值与浓度之间成线性关系。摩尔吸光系数是吸收物质在一定波长和溶剂条件下的特征常数，不随浓度 c 和光程长度 b 的改变而改变，在温度和波长等条件一定时，仅与吸收物质本身的性质有关。同一吸收物质在不同波长下的摩尔吸光系数值是不同的。在最大吸收波长 λ_{max} 处的摩尔吸光系数，常以 ε_{max} 表示。ε_{max} 表明了该吸收物质最大限度的吸光能力，也反映了光度法测定该物质可能达到的最大灵敏度。为了使测量结果有较高的灵敏度，应选择被测物质的最大吸收波长的光作为入射光，这称为最大吸收原理。

由于荧光分光光度法具有灵敏度高、选择性好、快速、仪器简单等优点，近年来利用该方法进行 NO 分析也有报道。

张华山等人于 2002 年报道了一种基于荧光探针 5，6-二氨基-1，3-二磺酸萘（DANDS）的 NO 分析的荧光光度法。该探针带有两个磺酸根，因此具有很好的水溶性，克服了二氨基萘（DAN）水溶性差的缺点。同时，磺酸根在水溶液中很容易电离出质子，而氨基易被质子化，氨基质子化后作为吸电子基团，使 DANDS 自身的荧光更弱，从而降低背景，提高分析方法的灵敏度。DANDS 在测定条件下自身的荧光很弱，在氧气存在下，它与 NO 反应生成 1-[H]-萘并三氮唑-6,8-二磺酸（NTADS），NTADS 在碱性条件下荧光很强。当设定激发波长和发射波长分别为 302.4nm 和 428.8nm 时，在 0.12mol/L 的 NaOH 溶液中，荧光强度达到最大。荧光强度与 NO 浓度在 0.004 ~ 0.144μmol/L 范围内成线性关系，检出限（S/N = 3）为 0.6nmol/L。该方法应用于 NO 释放剂释放 NO 的测定。

实验过程为：移取 0.8mL 的 40μg/mL 的 DANDS 到 25mL 容量瓶中，加入 NO 溶液。混合液在 50℃ 水浴中放置 30min 后，加入 3.0mL 的 1.0mol/L 的 NaOH，冷却到室温后，用水定容到 25mL。光度计的激发和发射狭缝分别为 5nm 和 10nm。DANDS 与 NO 反应机理如图 3.29 所示。

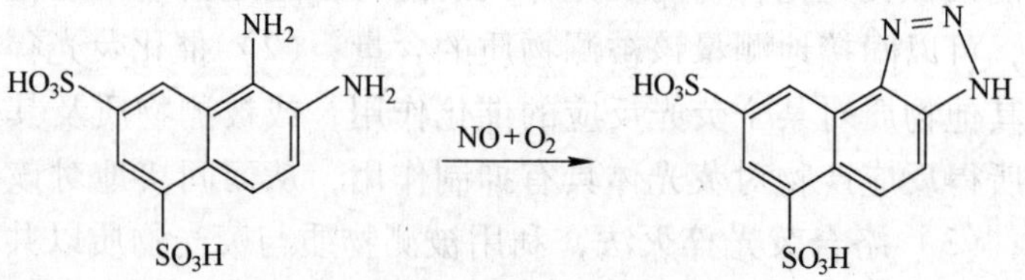

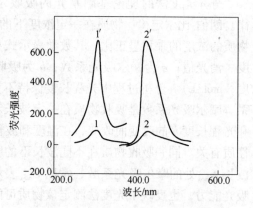

图 3.29　DANDS 与 NO 反应机理图

图 3.30 所示为 DANDS 及其与 NO 反应产物 NTADS 的荧光光谱图。斯托克斯位移为 48nm。NTADS 具有较好的稳定性，室温下至少稳定 6h。基于 DANDS 的荧光光度法具有较高的灵敏度、原料易得、方法简单等优点，但由于它需在碱性条件下测定，因此不适合于生物样品的直接分析。

此外，张华山课题组还基于荧光探针 DABODIPY 建立了 NO 的荧光光度分析法。探针与 NO 在磷酸盐缓冲溶液（pH = 7.4）中反应 35min 生成三氮唑产物 DABODIPY-T。图 3.31 所示为 DABODIPY 与 NO 反应的机理图。

图 3.30　DANDS 与 NTADS 的光谱图
1—DANDS 的激发光谱；1′—NTADS 的激发光谱；
2—DANDS 的发射光谱；2′—NTADS 的发射光谱

实验过程为：移取 1.6mL 的 100μg/mL 的 DABODIPY 到 10mL 比色管中，加入 1.5mL 的磷酸盐缓冲溶液，再加入 10μL 的 2.0mmol/L 的 NO 溶液。用水定容

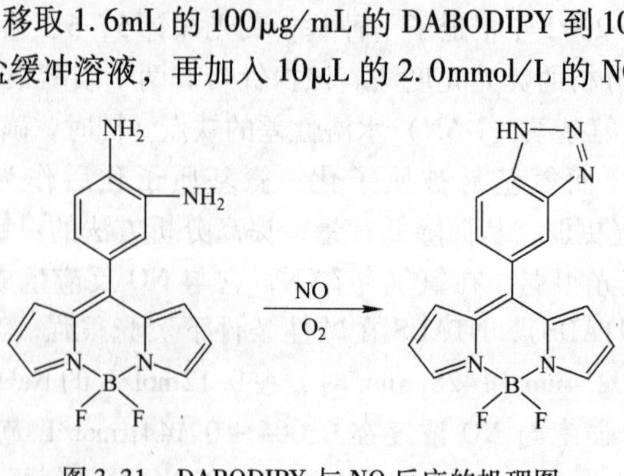

图 3.31　DABODIPY 与 NO 反应的机理图

到 5mL。混合液在 30℃ 水浴中放置 10min 后，用水定容到 10mL，光度计的激发和发射狭缝分别为 5nm 和 10nm。

图 3.32 所示为 DABODIPY 及其与 NO 反应产物 DABODIPY-T 的荧光光谱图。DABODIPY 的激发波长和发射波长分别为 494nm 和 504nm。DABODIPY 的荧光团是一个缺电子体系，而氨基上电子由于有较高的占据轨道能量，不能发生电子跃迁，因此荧光很弱。当它与 NO 反应生成三氮唑产物后，形成了一个大的共轭体系，荧光团强烈的吸电子能力使三氮唑上 N 原子的孤对电子参与整个体系的电子流动，形成富电子体系，从而使得荧光增强，光谱发生红移。DABODIPY-T 的激发波长和发射波长分别为 500nm 和 510nm。斯托克斯位移为 10nm。DABODIPY 具有较好的稳定性，室温下至少稳定 6h。DABODIPY 具有好的选择性，可排除亚硝酸根和硝酸根的干扰。

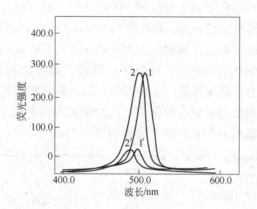

图 3.32 DABODIPY 与 DABODIPY-T 的荧光光谱图
1—DABODIPY-T 的发射光谱；1′—DABODIPY 的发射光谱；
2—DABODIPY-T 的激发光谱；2′—DABODIPY 的激发光谱

在该法中，荧光强度与 NO 浓度在 0.08～4μmol/L 范围内成线性关系，线性方程为 $Y=199.56X-8.12$。检出限（S/N=3）为 10nmol/L。该方法应用于 S-亚硝基硫醇释放的 NO 的测定。

3.6 毛细管电泳-荧光法

毛细管电泳是 20 世纪 80 年代发展起来的一种分离技术。毛细管电泳（CE）又称高效毛细管电泳（HPCE），是指离子或带电粒子以毛细管为分离通道，以高压直流电场为驱动力，依据样品中各组分之间淌度和分配行为上的差异而实现分离的液相分离分析技术。它是经典电泳技术和现代微柱分离相结合的产物。毛细管电泳有多种分离模式，给样品分离提供了不同的选择机会。根据分离原理可分为：毛细管区带电泳（CZE）、胶束电动毛细管色谱（MECC）、毛细管凝胶电泳

（CGE）、毛细管等电聚焦（CIEF）和毛细管等速电泳（CITP），其中 CZE 和 MECC 使用最多。CZE 也称为自由溶液毛细管电泳，它依据各组分表面电荷密度的差异也即淌度的差异，而使其移动速度不同而达到分离。一般适于分离离子型的化合物。MECC 是在电泳缓冲溶液中加入表面活性剂，当溶液中表面活性剂浓度超过临界胶束浓度时，分子间的疏水基团聚集在一起形成胶束（假固定相），溶质基于在水相和胶束相之间的分配系数不同而得到分离。可分离中性化合物。CE 具有分辨率高、分析速度快、样品用量少、样品对象广、易于自动化等特点，和 HPLC 成为分析化学中互补的分离分析技术。随着生命科学的发展，毛细管电泳有了更广阔的发展空间。目前不同分离模式的毛细管电泳技术正成为重要的生物样品分离分析手段。

2008 年，杨桥等人基于荧光探针 DAMBO-P^H 标记，建立了毛细管电泳-激光诱导荧光测定单个神经元细胞中释放的 NO 的方法。该方法具有灵敏、快速的优点，在 2.89min 内即可完成分离，检出限为 42 amol（S/N = 3），应用于四种细胞模型分析。毛细管电泳的缓冲溶液组成为：20mmol/L 的 Na$_2$HPO$_4$/NaH$_2$PO$_4$（pH = 6.4）和 0.024mmol/L 的溴化十六烷基三甲铵。激发波长和发射波长分别为 488nm 和 520nm。由于该探针是一个酯类化合物，具有很好的透膜性，进入细胞后，被细胞中的酸水解而保留在细胞中，当细胞被药物刺激释放出 NO 时则被细胞中的探针捕获，发出强荧光，这个过程如图 3.33 所示。

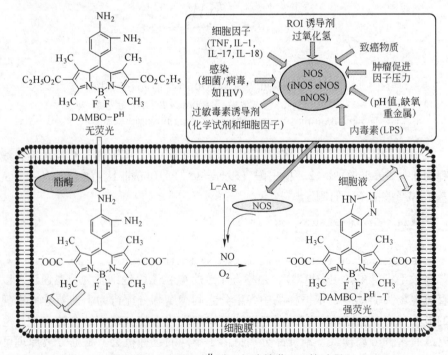

图 3.33　DAMBO-P^H 进入细胞捕获 NO 的过程

不同细胞中 NO 释放的毛细管电泳法测定结果如图 3.34 所示，可以看出该方法具有很高的灵敏度，可以测定单个细胞中释放的 NO。

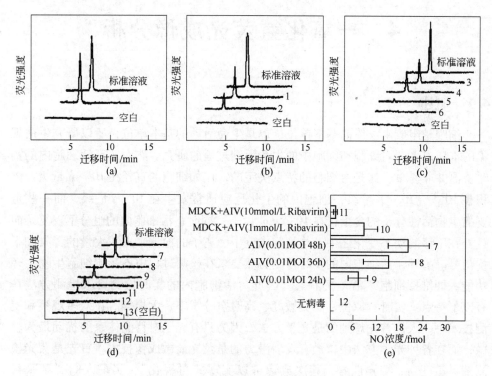

图 3.34 单个细胞中释放的 NO 电泳图

(NO 标准溶液的浓度为 250fmol)

（a）神经元细胞；（b）PC12 细胞；（c）ECV-304 细胞；（d）MDCK 细胞；

（e）定量分析 MDCK 细胞中释放的 NO

1—分化的；2—未分化的；3—用 100μmol/L LPS 预处理 40h；4—用 100μmol/L LPS 预处理 20h；

5—用 NOS 抑制剂 L-NMMA（10mmol/L）预处理 20h；6— 未用 LPS 激活；7—用 0.01MOI

AIV（H5N1）预处理 48h；8—用 0.01 MOI AIV（H5N1）预处理 36h；9—用 0.01MOI AIV

（H5N1）预处理 24h；10—用 病毒唑（10mmol/L）预处理；11—用病毒唑（1mmol/L）

预处理；12—未预处理；13—空白的是单个细胞用 NOS 抑制剂

L-NMMA（1mmol/L）预处理 12h

4　一氧化氮荧光成像分析

4.1　概述

细胞是组成生物体的基本单位，也是生命活动的基本单位，所以研究生命现象的本质离不开对细胞和细胞中的生命活动过程的研究。然而实现活细胞内的实时检测并非易事，这是由细胞的特点决定的，比如细胞的直径在 10^{-6}m 量级，体积在 $10^{-15} \sim 10^{-12}$L 量级，细胞内的生化反应通常发生在 10^{-3}s 量级，而一些重要的生物活性分子的含量仅在 10^{-18}mol 以下；同时，活细胞内的组分不仅复杂而且处在不停的动态变化之中，给细胞内分子、离子的检测带来了大量的背景和干扰信号。另外，活细胞内的实时检测必然要求在检测过程中不影响细胞生物生理功能，即维持细胞"活"的状态。因此，活细胞内的实时检测要求检测方法具有以下特点：实时、原位、高灵敏度、高时空分辨率、无损等。在众多观察和检测技术中，人们首先想到的是光学方法，因为只有光子对待测体系的扰动最为轻微；而在各种光学方法中，最有发展潜力的是荧光显微成像技术，首先是荧光检测的灵敏度高、特异性好，其次成像可以实现"可视化"，实现人们"亲眼目睹"活细胞内生物分子、离子动态行为的梦想。

荧光显微成像技术是在普通光学显微镜的基础上发展起来的一类技术的总称，其基本原理是利用合适波长的激发光（如紫外光或蓝光）进行照明，激发样品中的荧光分子，使其产生荧光，并通过一系列滤光片将激发光和其他背景杂散光滤除，从而实现对微弱荧光的检测和成像。生物成像是一个多学科交融、多技术集成、发展迅速、应用广泛的新兴领域。以核磁共振成像（magnetic resonance Imaging，MRI）和计算机体层摄影（computed tomography，CT）为代表，生物医学成像在临床诊断上发挥着不可替代的重要作用。生物荧光成像是近年来发展较快、引人瞩目的生物成像方向之一。该方法灵敏度高、特异性好，因而在生命科学领域的研究中得到了广泛的应用，已成为现代生物学不可或缺的观察手段之一。伴随着激光和光谱技术、探测器技术、精密加工技术等相关技术的发展，以及图像和数据记录处理方法、活细胞荧光标记技术等的进步，新发展起来的多种具有高灵敏度、高分辨率的荧光显微成像技术在单个活细胞的实时检测研究中已经取得了许多振奋人心的进展。

荧光技术因其快捷、灵敏、重复性好、无放射性及多个光物理参量（如激发波长、发射波长、荧光强度、荧光寿命、发射各向异性）可用于检测等优点，在生命科学研究中获得了广泛应用。荧光探针是生物荧光成像的核心技术之一。到目前为止，荧光探针可大体上分为：

（1）化学类。有机染料、纳米材料（含半导体量子点、上转换稀土纳米粒子、贵金属粒子、纳米钻石等）以及金属配合物（含稀土配合物）等。

（2）生物类。藻胆蛋白、基因编码荧光蛋白（如绿色荧光探针 GFP）、分子灯标（molecular beacon，一类发卡结构的寡聚核苷酸荧光探针）等。

目前应用最为广泛的为有机染料，而研究最为活跃为半导体量子点及上转换稀土纳米粒子等荧光探针。

一般地，适用于生物成像的荧光探针须具备以下性质：

（1）光物理性质。便于激发和检测，不会与生物基质同时被激发，生物背景干扰小；较高的摩尔消光系数和荧光量子产率。

（2）化学性质。在相关缓冲液、细胞培养液或体液中有较好的溶解性；使用条件下的热、光稳定性；标记的位点特异性。

（3）生物相容性。标记所带来的立体或尺寸相关的干扰效应要尽量小，易于进入细胞，标记的生物毒性小。

有机染料是目前应用最为广泛的一类荧光探针。有机染料的光物理性质取决于其分子的电子跃迁类型：

（1）离域于整个发色团的共振跃迁，相应的染料称为共振染料；

（2）分子内电荷转移跃迁，相应的染料称为电荷转移染料。

依据结构-性质关系，可以通过精心的设计策略实现对发光性质的精细调控。大多数常见的荧光探针，诸如荧光素类、罗丹明类、大多数的氟硼荧类（BODIPY）和花菁类，都属于共振染料。其特征是：相对较窄的、通常互为镜像的吸收和发射带；溶剂极性不敏感的、较小的斯托克斯位移、高的摩尔消光系数；中等或高的荧光量子产率。然而，吸收和发射光谱的有限的分离，使得不同染料之间的相互干扰不易避免。相反地，电荷转移染料，例如香豆素类，在极性溶剂中则具有分离较好的、较宽的吸收和发射带，较大的依赖于溶剂极性的斯托克斯位移，然而，摩尔消光系数和荧光量子产率通常较共振染料为低。简言之，有机染料分子小、结构简单、可以快速通过很多生物屏障，且商品化的分子较多，在体内外荧光成像、DNA 自动测序、抗体免疫分析、抗癌药物开发、疾病诊断等方面应用广泛。但一般而言，其光化学稳定性较差，易于光漂白和降解；斯托克斯位移较小，易于受到干扰而降低检测灵敏度；荧光寿命在细胞和组织内停留时间较短，较难以实现长时间的实时动态信号追踪，在生物医学领域的应用受到了一定限制。

半导体量子点（quantum dots，QDs）具有以下独特的光谱性质：

（1）宽激发，窄发射，即激发波长范围宽而发射波长范围窄，因而可用同一波长同时激发多种量子点而获得多色荧光；

（2）发射峰较窄，峰形对称，重叠小；

（3）量子限域效应显著，可以通过调节粒径和组成来实现发射波长的调控；

（4）荧光强度较高、稳定性及抗光漂白能力较强，便于对标记物进行长期、实时跟踪观察；

（5）经表面修饰后，生物兼容性好，易于进行特异性连接，进而进行生物活体标记和检测；

（6）双光子截面较大，可在较低激发强度下进行活体的深层组织成像。

基于上述特点，近年来量子点在生物分子检测、细胞和活体多色标记成像、正常及病变组织的定位和成像等领域的应用得到了快速发展。Zhao 等人利用细胞核特异性染料 Hoechst 33342 的"分子向导"作用，将其与水溶性 CdTe 量子点以非共价形式偶联起来，成功地将量子点定位于活细胞的核酸负电骨架上。庞代文等人开展了基于量子点的荧光免疫技术研究，同时对乳腺癌的 HER2 和 ER 细胞进行了双色荧光成像。张春阳等人利用双光子扫描荧光显微镜，观察、验证了量子点标记的天花粉蛋白以受体介导的内吞方式进入人绒癌细胞的机理及其在细胞内的分布。此外，用量子点标记前列腺特异性膜抗原（PSMA）的抗体，经小鼠尾静脉注射，实现了对表达 PSMA 的前列腺癌的靶向成像；量子点偶联曲妥单抗，被成功地用于 KPL-4 荷瘤裸鼠中 HER2 的成像研究，在活体中观察到量子点从血管逐步移入细胞核的整个过程。尽管 QDs 的应用研究非常广泛，但目前仍面临诸多挑战：粒径均一化控制较难；表面缺陷较多，影响发光稳定性；生物标记时多个生物分子会同时连接在量子点上，难于控制生物分子的取向、可能发生团聚；生物毒性问题等。另外，荧光的非单指数型衰减行为，使之不适用于时间分辨的荧光检测。

有机染料和量子点的发光机制是光子能量损失的下转换过程，即发射波长较激发波长长（红移）。当用紫外或蓝光激发时，其在生物成像上所面临的突出问题就是生物组织自体荧光产生的背景干扰。稀土上转换纳米粒子（upconversion rare earth nanoparticles，UCRE-NPs）有望克服这一难题。其发光机制是稀土纳米粒子吸收两个或多个低能光子而辐射一个高能光子的上转换过程，即发射波长比激发波长短的反斯托克斯发光。利用稀土上转换纳晶的这一独特优势，以近红外或红外光为激发源，荧光成像时可大大降低或消除自体荧光干扰、提高信噪比和检测灵敏度。同时，近红外光还具有对生物组织几乎无损伤的、高达十数厘米的穿透力。因而，近年来近红外光激发-可见光发射的稀土上转换纳米粒子激起了人们越来越浓厚的研究兴趣。Wang 等人报道了利用固液两相溶剂热法合成 NaYbF$_4$ 上转换纳米粒子，通过调节掺杂稀土离子种类或浓度，实现了在单一近红外波长 980nm 激发，可发射橙、黄、绿、青、蓝等多色荧光的上转换纳米粒子。通过包覆硅壳层改善水溶性，并连接兔抗-CEA8 抗体，实现了活 HeLa 细胞的免疫标记和荧光成像。作为新一代荧光探针，稀土上转换发光纳米材料除了具备前述的内禀优势外，还有吸收和发射带窄、斯托克斯位移大、光和热稳定性好等优点，可以预见其在生物成像方面必将发挥越来越大的作用。

　　NO 的生物成像技术是利用显微镜，在对生物体不造成大的侵入性伤害或者生物组织不需要脱离生物体的情况下，用来直接观察生物体内或细胞内部 NO 释放、转移等情况的一种重要手段，是现代生物医药科学研究的一种重要方法。通过 NO 进行生物成像，可直接观察和测定 NO 在生物组织或细胞内时间和空间上的信息，这对于阐明 NO 在生物体中的作用具有重要意义。目前对细胞中的 NO 进行成像的方法主要有化学发光法、电子自旋共振光谱法以及荧光法。然而，化学发光法中常用的鲁米诺和过氧化氢对细胞具有毒害作用，这限制了它在活细胞成像中的应用。对于电子自旋共振光谱法，它的仪器设备比较昂贵且需要专门人员维护，这限制了它的广泛应用。NO 专一性荧光探针结合荧光显微镜使荧光法更适合于活细胞、生物组织以及生物体中 NO 的成像研究，目前已得到较好的发展。

4.2　基于二氨基荧光素衍生物的荧光成像

　　1998 年，Nagano 合成了 4，5-二氨基荧光素二乙酸酯（DAF-2 DA）荧光探针，并将其首次应用于细胞成像。老鼠动脉平滑肌细胞先用 L-Arg（1mmol/L）激活，然后再进行成像分析（见图 4.1）。荧光显微镜的激发波长为 490nm，发

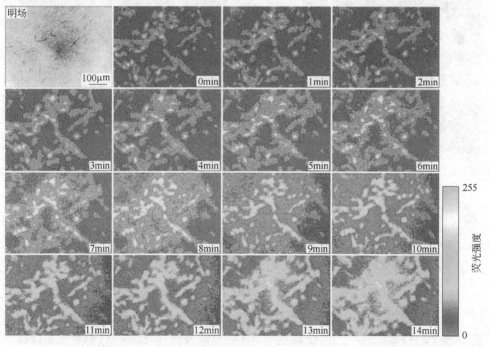

图 4.1　利用 DAF-2 DA 对老鼠动脉平滑肌细胞进行荧光成像

射波长为505nm。

2000年，Pedroso将探针DAF-2 DA用于红豆杉细胞的荧光成像分析。探针使用浓度是10μmol/L，可检测5nmol/L的NO。荧光显微镜的激发波长为450～490nm，发射波长为520nm。图4.2所示为红豆杉细胞中NO及细胞核DNA断裂的荧光成像。

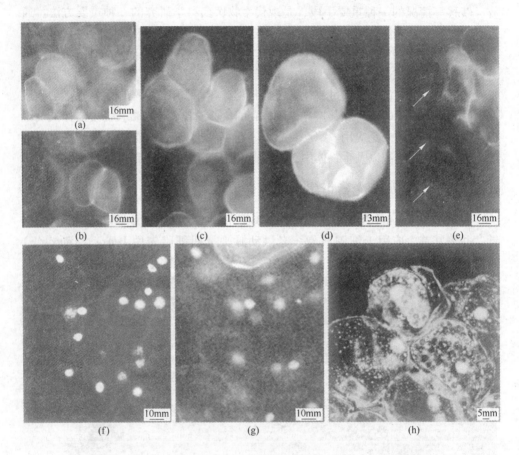

图4.2 红豆杉细胞中NO及细胞核DNA断裂的荧光成像

（a）细胞壁的自身荧光（未染色）；（b）细胞经DAF-2 DA染色；（c）添加有DAF-2 DA的
细胞溶液中加入10^{-4}μmol/L硝普钠；（d）添加有DAF-2 DA的细胞溶液通过在
150g下离心诱导细胞死亡；（e）细胞离心后添加NO释放抑制剂L-NMMA（5mmol/L）；
（f）用细胞核染色剂DAPI对细胞染色；（g）TUNEL细胞核成像表面经过硝普钠孵育或者
离心的细胞中不可逆的DNA断裂和细胞死亡；（h）红豆杉细胞激光共聚焦成像

2008年，Jonathan V. Sweedler等人将荧光探针DAF-2和二氨基罗丹明-4M（DAR-4M）同时应用于PC12细胞中NO的成像分析（见图4.3）。荧光显微镜的激发波长为450～490nm，发射波长为515～560nm。

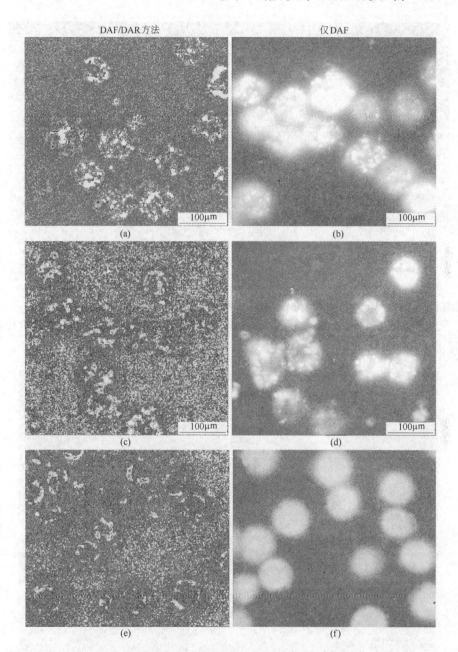

图4.3 DAF/DAR比率法和DAF法的对比荧光成像

（a），（b）NO在PC12细胞中的荧光成像；（c），（d）加了抑制剂L-NAME；（e），（f）加了NO清除剂羧基-PTIO

（a），（c），（e）为DAF/DAR方法；（b），（d），（f）为DAF法

2007年，Johanna Chluba等人将4-氨基-5-甲氨基-2，7二氟荧光素二乙酸酯（DAF-FM-DA）荧光探针应用于活的斑马鱼成像（见图4.4）。荧光显微镜的激

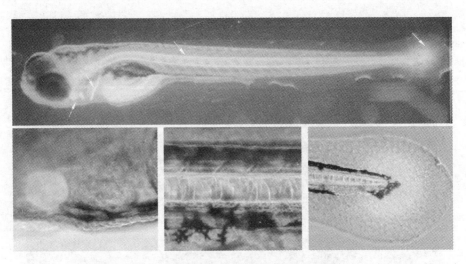

图 4.4 对 5 天大的斑马鱼进行荧光成像

发波长为 475/40nm，发射波长为 530/50nm。

2006 年，Robert M. Greenberg 等人将探针 DAF-2 DA 应用于活的血吸虫成像（见图 4.5）。

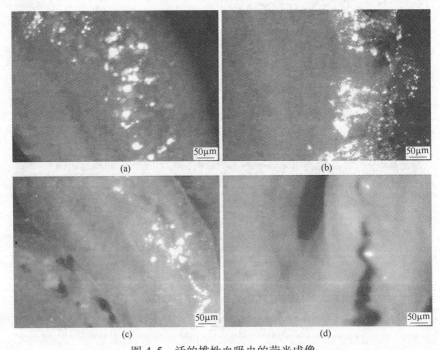

图 4.5 活的雄性血吸虫的荧光成像

（a）单独的培养基；（b）培养基中加入 5mmol/L 的 L-精氨酸；（c）培养基中加入 10mmol/L 的 D-NAME；（d）培养基中加入 10mmol/L 的 L-NAME

4.3 基于二氨基罗丹明衍生物的荧光成像

2001 年，Nagano 等人合成了二氨基罗丹明荧光探针（DAR-4M AM），该探针具有很好的细胞透膜性，其荧光量子产率是 DAR-4M 的 840 倍，pH 值在 4.0 以上时荧光强度基本不受 pH 值的影响。探针被用于牛动脉内皮细胞成像分析（见图 4.6）。荧光显微镜的激发波长为 520～550nm，发射波长为 580nm。

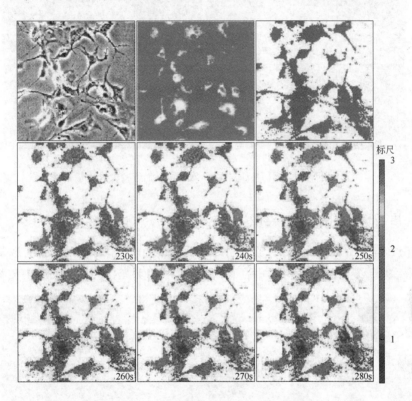

图 4.6 利用 DAR-4M AM 对牛动脉内皮细胞进行荧光成像

4.4 基于二氨基蒽醌的荧光成像

2007 年，Francisco Galindo 等人利用荧光探针二氨基蒽醌（DAQ，见图 4.7）

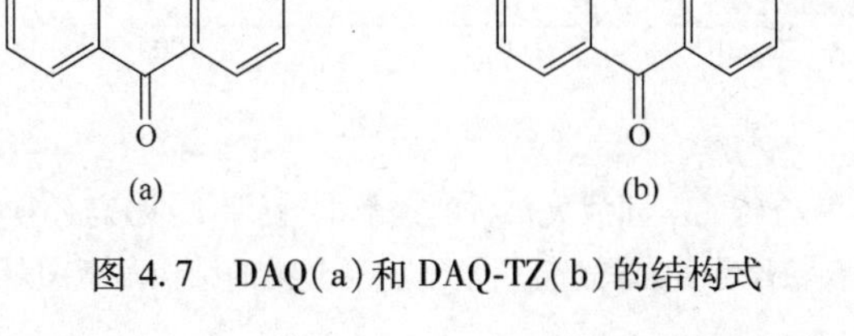

图 4.7 DAQ(a) 和 DAQ-TZ(b) 的结构式

对 NO 进行荧光成像分析，该探针自身没有荧光，跟 NO 反应后生成强荧光的产物 DAQ-TZ。探针被用于小鼠单核巨噬细胞 RAW264.7 的荧光成像分析（见图4.8）。

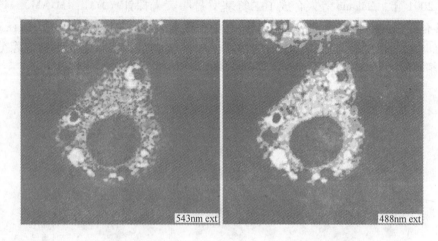

图 4.8　利用 DAQ 对 RAW264.7 细胞进行荧光成像

4.5　基于量子点的荧光成像

2012 年，Lu Qinghua 等人合成了 CdSe 量子点与壳聚糖的球形纳米复合物（见图4.9），复合物的平均尺寸为386.4nm，利用荧光探针对猪动脉内皮细胞进

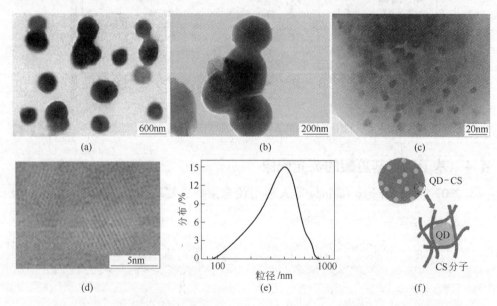

图 4.9　量子点复合物的不同放大倍数的透射电镜图(a～c)高分辨透射电镜图(d)、
颗粒尺寸分布图(e)及量子点复合物的结构示意图(f)

行了荧光成像分析（见图4.10）。显微镜的激发波长为488nm，量子点的荧光随着NO浓度的增加而降低。

(a)

(b)

(c)

(d)

(e) 25μm

(f)

图 4.10 用量子点复合物对猪内皮细胞进行荧光成像

（a）细胞明场；（b）没有加入NO；（c）加入4.6μmol/L的NO；

（d）加入27.6μmol/L的NO；（e）加入55.2μmol/L的NO；

（f）细胞暗场

4.6 基于二氨基苯并丫啶的荧光成像

唐波等人于2008年合成了一种NO荧光探针二氨基苯并丫啶（VDABA，见图4.11），探针的激发波长为354nm，发射波长为479nm，探针被应用于巨噬细胞RAW264.7的荧光成像（见图4.12）。

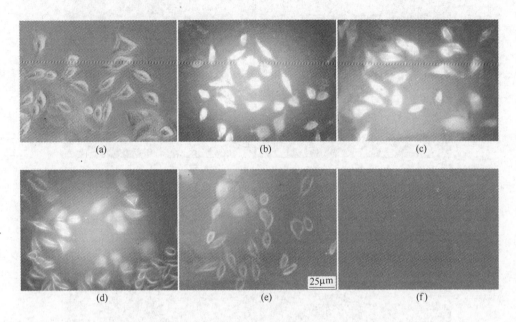

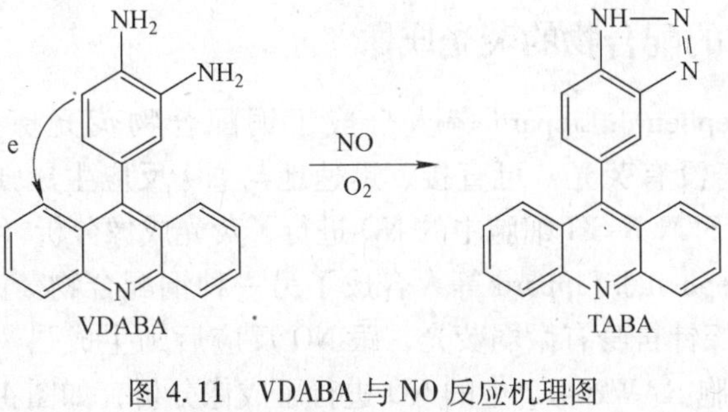

图 4.11 VDABA 与 NO 反应机理图

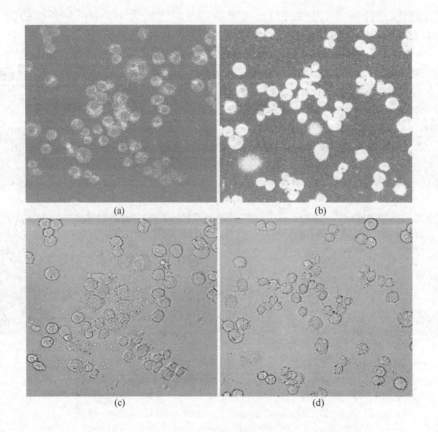

图 4.12 巨噬细胞 RAW264.7 的激光共聚焦荧光成像

(a) 探针 (40μmol/L) 37℃孵育 30min；(b) 细胞用佛波醇酯 (2ng/mL) 激活 30min；

(c)，(d) 分别为 (a) 和 (b) 的明场

4.7 基于花菁的衍生物的荧光成像

2005 年，Nagano 等人基于花菁染料合成了一种近红外荧光探针（见图 2.19），并将其应用于老鼠肾脏中 NO 释放的荧光成像（见图 4.13）。

4.8 基于 Cu 的配合物的荧光成像

2006 年，Stephen J. Lippard 等人合成了铜配合物荧光探针（CuFL，见图 4.14），探针自身没有荧光，可直接、迅速地与 NO 反应生成强荧光的产物。应用该探针对神经 SKN-N-SH 细胞中的 NO 进行了荧光成像分析（见图 4.15）。

2010 年，Stephen J. Lippard 等人合成了另一种铜配合物荧光探针（CuFL1$_5$，见图 4.16），该探针自身有微弱荧光，跟 NO 反应后则生成强荧光的产物。应用该探针对巨噬细胞 RAW264.7 中的 NO 进行了成像分析，如图 4.17 所示。

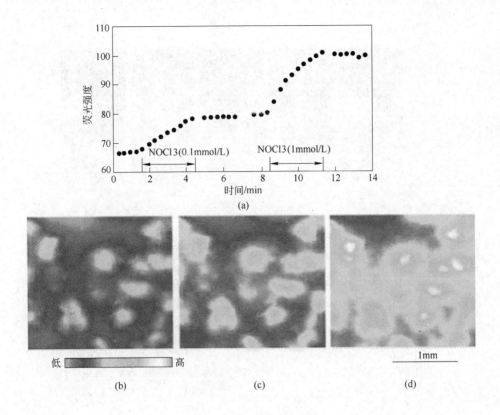

图 4.13 老鼠肾脏中 NO 释放的荧光成像

（a）老鼠肾脏中探针的荧光强度随着时间的变化曲线；（b）探针在细胞中的荧光成像；（c）NOC13 的浓度为 0.1mmol/L；（d）NOC13 的浓度为 1mmol/L

$$\mathrm{FL+Cu(II)} \rightleftharpoons \underset{\text{无荧光}}{\mathrm{Cu(II)FL}} \xrightarrow{\mathrm{NO}} \underset{\text{发荧光}}{\mathrm{Cu(I)+FL\text{-}NO}}$$

FL,2　　CuFL,1, X＝阴离子　　FL-NO,5

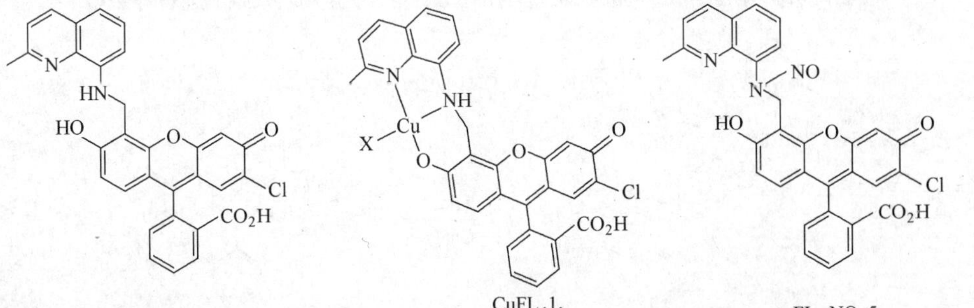

图 4.14 CuFL 与 NO 反应机理图

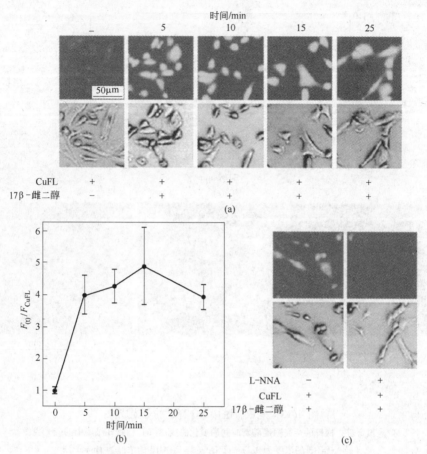

图 4.15 CuFL 对神经 SKN-N-SH 细胞中的 NO 进行的荧光成像分析

（a）神经细胞 SKN-N-SH 中 NO 的测定，从左到右分别为用 CuFL（1μmol/L）和 17β-雌二醇
（100nmol/L）处理 5min、10min、15min、25min；（b）为（a）中荧光强度与时间的关系图；
（c）细胞用 CuFL（1μmol/L）和 17β-雌二醇（100nmol/L）处理 10min，
左边为用 L-NNA 预处理 1h，右边没有预处理，下方为上方的对应明场图

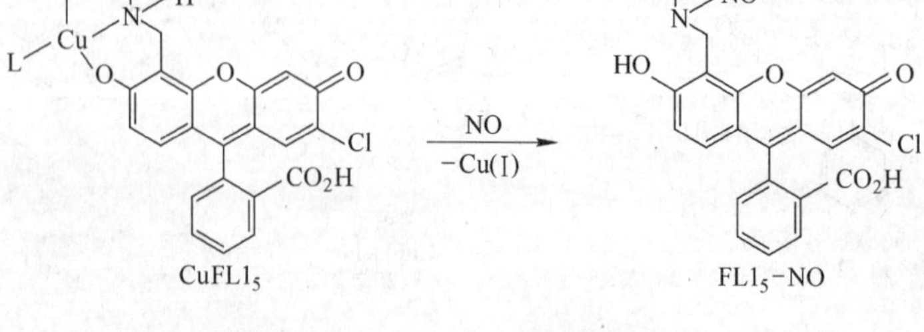

图 4.16 CuFL1$_5$ 与 NO 反应机理图

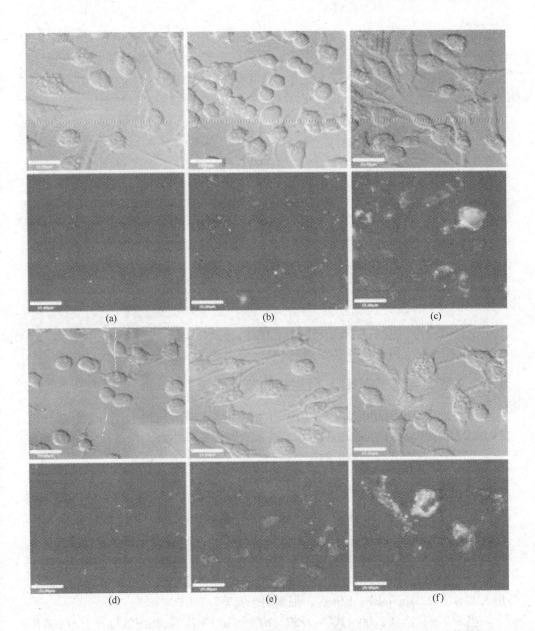

图 4.17　分别用 CuFL1E（a～c）和 CuFL^Dex（d～f）进行的巨噬细胞中 NO 成像分析

（细胞用 LPS 和 INF-γ 激活 10h）

（a），（d）仅存在探针；（b），（e）存在探针、LPS、INF-γ 和抑制剂 L-NNA；

（c），（f）存在探针、LPS 和 INF-γ

2012 年，Duan Chunying 等人基于萘二甲酰亚胺合成了一种 Cu 配合物荧光探针 CuQNE（见图 4.18）。该探针与 NO 反应后荧光增强 8 倍，对 NO 的检出限为

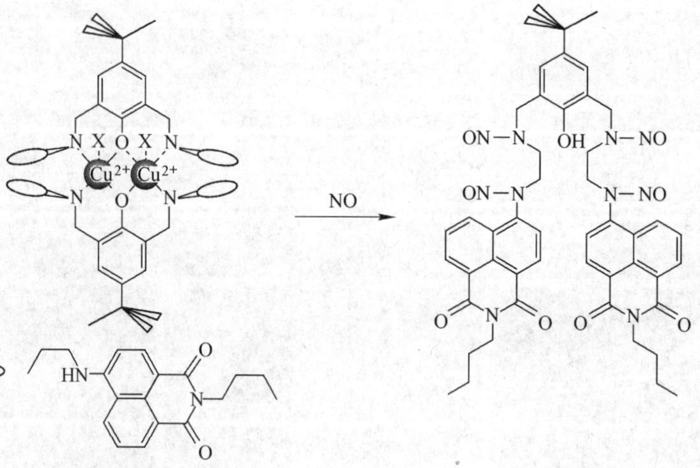

图 4.18 CuQNE 与 NO 反应机理图

1nmol/L，探针对 NO 具有很好的反应选择性，其激发波长为 466nm，发射波长为 530nm。探针被应用于 MCF-7 细胞中 NO 的荧光成像（见图 4.19）。

4.9 基于二氨基 BODIPY 衍生物的荧光成像

近年来张华山课题组成功将 BODIPY 衍生物系列探针应用于 NO 的成像分析。TMDCDABODIPY 具有细胞透膜性好，进入细胞后酯基水解，探针被保留在细胞中，当 NO 释放时，被细胞中的探针捕获，生成强荧光的产物。

4.9.1 实验条件及影响因素

嗜铬细胞癌株 PC12 细胞用含 5% 胎牛血清和 10% 马血清的 DMEM 培养液（含青霉素钠 100U/mL，链霉素 0.1mg/mL，pH = 7.4）稀释为每毫升悬液含 2×10^5 个细胞，接种于预先用多聚赖氨酸（10μg/mL）处理过的 24 孔培养板中，37℃、5% CO_2 条件下培养，待细胞长满孔底后即可用于实验。在细胞培养基中加入 LPS（12.5μg/mL），12h 后，细胞用于实验。

当 Sf 9 细胞达到 $2.00 \times 10^6 \sim 2.50 \times 10^6$ 个/mL 密度时，将细胞接种于 Sf 900 Ⅱ 培养基中进行悬浮传代培养，接种密度约为 4×10^5 个/mL，细胞于 27℃、90r/min 进行振摇培养。细胞密度用血球计数器进行检测。然后在培养基中加入 LPS（12.5μg/mL）。孵化 12h 后，细胞用于实验。

淋巴细胞用含有 20% 胎牛血清（含 100 U/mL 的青霉素/链霉素）的 RPMI-1640 培养基在 37℃、5% CO_2 条件下培养 48h，然后再在细胞培养基中加入 LPS（12.50μg/mL），12h 后，细胞用于实验。

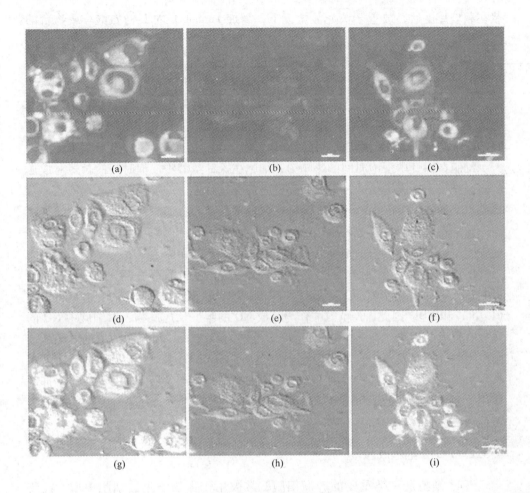

图 4.19　MCF-7 细胞的荧光成像

(a)，(d)，(g) 细胞用 20μmol/L 的 CuQNE 孵育 20min；(b)，(e)，(h) 细胞用 20μmol/L 的
CuQNE 孵育 20min，然后再用 100μmol/L 的 Cu(ClO₄)₂ 染色 15min；

(c)，(f)，(i) 细胞用 1mmol/L 的 NO 溶液孵育 15min

四甲基固氮唑盐（MTT）试验：以 MTT 来评价探针对细胞的存活率的影响，也就是所谓的改良的 Mosmann 方法。在每一次细胞培养结束前，15μL 的 MTT（用 PBS 配制成 5 mg/mL）加入到培养基中，在 37℃ 和 5% CO₂ 条件下培养 4h，再加入 100μL 的 DMSO。然后用 ELISAmate 分光光度计在 570nm 进行测定。细胞存活率用加药的细胞样品与空白样进行吸光率对比来确定。

细胞成像过程：细胞用 LPS 激活以后，在 37℃ 下用含有 $3×10^{-6}$ mol/L 荧光探针 TMDCDABODIPY 的 DMEM 培养基浸泡 40min，使探针充分进入到细胞内后，离心除去培养基，并用 PBS 生理缓冲溶液洗涤 3 次，以减少背景干扰。把细胞装载在载玻片上后，放置于荧光显微镜下，滴加 1mmol/L 的 L-精氨酸。载物台的温度保持在 37℃。

　　为了考查探针的浓度对细胞成像的影响，实验前，细胞均在试剂中浸泡 40min，结果发现，当探针的浓度高于 3×10^{-6} mol/L 时，显微镜下细胞的形状变得不规则，探针对细胞产生较大的毒害作用。而当探针的浓度低于 3×10^{-6} mol/L 时，细胞释放出来的 NO 没有能够得到充分的捕获，因此，选用 3×10^{-6} mol/L 的 TMDCDABODIPY 作为最佳试剂浓度。

　　细胞在探针中浸泡时间的影响为：细胞在探针溶液中浸泡时间的长短对成像实验影响较大。浸泡时间过短，探针没有能够充分地透过细胞膜进入细胞内，对释放出来的 NO 捕获效率下降，影响成像的灵敏度。由于探针或多或少对细胞产生一定的毒害作用，浸泡时间过长，细胞存活率下降。研究了从 30~90min 不同的细胞浸泡时间的影响，结果表明，40min 是最佳的浸泡时间。

　　L-精氨酸浓度的影响为：一般地，组织细胞中都存在着一氧化氮合酶（NOS），它催化 L-精氨酸（L-Arg）末端胍基中的一个氮原子氧化生成 L-胍氨酸（L-Cit）和 NO。因此，L-精氨酸作为合成 NO 的唯一反应底物，对细胞中 NO 的释放有很大的影响。在 0.5~1.5mmol/L 范围内考查了 L-精氨酸的浓度对细胞造影的影响。实验发现，当 L-精氨酸的浓度为 1mmol/L 时，倒置荧光显微镜下观察到的荧光最强；当其浓度高于 1mmol/L 时，L-精氨酸会对 NO 的释放产生抑制作用；而当其浓度低于 1mmol/L 时，NO 释放较慢。选择 1mmol/L 的 L-精氨酸为最佳浓度。

4.9.2　PC12 细胞成像

　　PC12 细胞是一类重要的肿瘤细胞，常被用作生物学上的细胞模型，检测 PC12 细胞中的 NO 对于研究它在神经传递方面的功能非常重要。利用倒置荧光显微镜对 PC12 细胞释放的 NO 进行成像实验。TMDCDABODIPY 试剂自身荧光很弱，在实验条件下用倒置荧光显微镜不能观察到它的荧光。细胞膜具有亲脂性，大分子中只有亲脂性的物质才较为容易通过，二吡咯-二氟化硼类化合物是亲脂性的，而且 TMDCDABODIPY 带有两个酯基，因此容易透过细胞膜而进入细胞内。据报道，酯类化合物在细胞内的酶作用下会发生水解反应。可以推测，TMDCDABODIPY 进入细胞后，水解成相应的酸，由于其很难透过细胞膜，因此留在细胞内，当加入 L-精氨酸，细胞释放出 NO 时，NO 很快被 TMDCDABODIPY 相应的酸所捕获，从而形成强荧光的三氮唑。在选定的最佳条件下对 PC12 细胞进行了成像实验，结果如图 4.20 所示。

　　在明场的条件下，可以清楚地观察到 PC12 细胞的形状以及其所分布的位置。图 4.21(a) 显示了与图 4.20 相应的 PC12 细胞中荧光强度变化情况。从两个图中

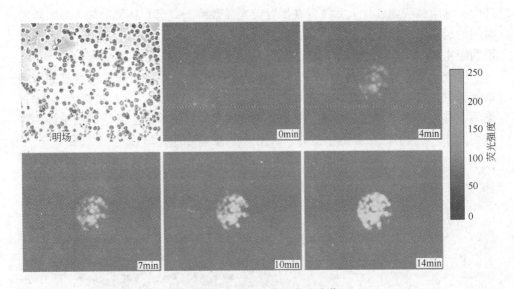

图 4.20 PC12 细胞的荧光成像

（细胞用 12.5μg/mL LPS 激活，L-Arg 的浓度为 1mmol/L）

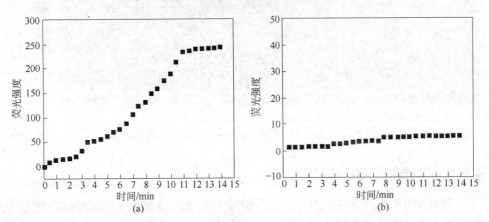

图 4.21 细胞中探针的荧光强度与时间的关系

（a）加入 1mmol/L L-Arg；（b）加入 1mmol/L L-Arg 与抑制剂 L-NNA（1mmol/L）

发现，PC12 细胞在 0min 也就是没有加入 L-精氨酸时，其荧光很弱，在显微镜下基本没有看到荧光，随着 L-精氨酸的加入，细胞荧光逐渐增强，越来越多发亮的细胞出现在显微镜下，到了 4min，细胞荧光已经清晰可见。从 0min 到 14min，荧光不断地增强，证明细胞不停地释放出 NO。到了 14min 细胞达到了最亮，延长成像时间，荧光强度不再改变。这时，L-精氨酸已经被消耗完（少于 10^{-9}mol/L）。

为了进一步证明 PC12 细胞中的荧光增强是由细胞所释放的 NO 引起的，进行了对比实验。1mmol/L 一氧化氮合成抑制剂（L-精氨酸）在实验前加入到培养基中，细胞装载到玻片上并放置在倒置荧光显微镜下，当 L-精氨酸加入后，随着时间的延长，细胞没有变亮，细胞的荧光基本没有变化。如图 4.21（b）所示，这说明图 4.20 中 PC12 细胞荧光的生成是由细胞所释放的一氧化氮引起的。

考查了脂多糖 LPS 对 PC12 细胞 NO 造影的影响。实验前 LPS 没有被加入到培养基中，细胞装载到玻片上并放置在倒置荧光显微镜下，当 L-精氨酸加入后，细胞中有荧光生成并逐渐变亮，但是其亮度明显没有用 LPS 先激活的细胞强。这说明 PC12 细胞中存在着诱导型的一氧化氮合酶（见图 4.22）。

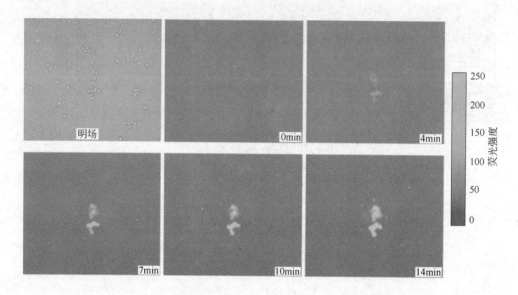

图 4.22　未用 LPS 激活的 PC12 细胞中 NO 荧光成像

4.9.3　Sf 9 细胞和淋巴细胞成像

利用 TMDCDABODIPY 探针，结合倒置荧光显微镜对 Sf 9 细胞和淋巴细胞中释放的 NO 进行了成像分析。实验前，细胞均用 12.5μg/mL 的 LPS 进行激活。实验结果显示，TMDCDABODIPY 能够快速地捕获细胞释放的 NO 并生成强荧光的三氮唑产物，如图 4.23 和图 4.24 所示。

4.9.4　丹参酮功效的机制分析

NO 已经被确认为是血管系统中的内皮舒张因子（EDRF）。很多研究表明，NO 在避免心血管疾病的发生以及防止其恶化等方面起着很重要的作用。它对心血管的保护作用主要体现在调节血压和血管紧张、抑制血小板的聚集与黏附以及白细胞增多、防止平滑肌细胞增殖等方面。大多数心血管疾病的发病机制被认为和动脉硬化有关，即和内皮功能失调有紧密联系。而这些被认为与 NO 的生物利

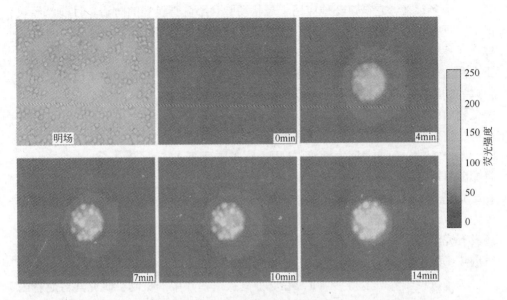

图 4. 23 Sf 9 细胞的荧光成像
（细胞用 12. 5μg/mL LPS 激活，L-Arg 的浓度为 1mmol/L）

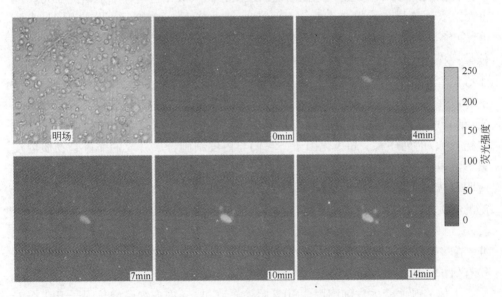

图 4. 24 淋巴细胞的荧光成像
（细胞用 12. 5μg/mL LPS 激活，L-Arg 的浓度为 1mmol/L）

用率以及含量有着密切的联系，比如 NO 合成下降，将会导致高血压以及动脉硬化症发生，而 NO 含量增加则会引起如缺血再灌注损伤等疾病。因此，研究在血管内皮细胞中的 NO 对于防治心血管疾病具有重要的意义。丹参是一种古老的中药，一千多年来，它被广泛地应用于冠状动脉和心血管疾病的防治。目前已经被证实，丹参在心脏病的临床治疗中具有显著的功效而且基本没有副作用。丹参还被广泛地应用于提高血液循环、清除血液郁积、去热、驱燥、滋养血液、安神、止血和治疗流产等方面。作为丹参的一种活性成分，丹参酮也被大量应用于心血管疾病的治疗，它能够扩张冠状动脉、调节诱导有机体突变物质的活度和保护心肌膜损伤，同时它还可以作为一种广谱的抗菌剂。大量的临床和实验研究证明了丹参酮的治疗功效。丹参酮主要由丹参酮Ⅰ、丹参酮ⅡA、丹参酮ⅡB以及隐丹参酮组成，其中丹参酮ⅡA（见图4.25）是其中一种较为重要的脂溶性组分。然而，到目前为止，丹参酮在心血管疾病的治疗中发挥功效的机理还没有完全揭示，它的主要组成部分丹参酮ⅡA在对血管内皮细胞释放NO的影响方面的研究少之又少。

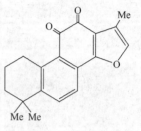

图4.25　丹参酮ⅡA的化学结构式

　　为了进一步弄清楚丹参酮ⅡA在心血管疾病治疗中的机制，研究其对血管内皮细胞释放NO的影响是非常重要的。利用TMDCDABODIPY对NO高灵敏、高选择性的反应，结合倒置荧光显微镜以及反相高效液相色谱详细地研究了丹参酮ⅡA对人体静脉血管内皮细胞（HVECs）释放NO的影响。结果表明，丹参酮ⅡA能够显著地提高人体静脉血管内皮细胞NO的释放量。在人体中，NO对内皮依赖性松弛作用可因种属和血管部位而改变，一氧化氮合酶信使RNA广泛分布于心血管系统中，它在相当短时间内即可被Ca^{2+}激活，并产生少量的NO，NO的释放在内皮依赖性血管扩张中起了重要作用，而心血管疾病形成过程减少了NO的合成。血管内皮细胞可合成与释放舒血管和缩血管活性物质，舒血管物质包括NO、前列环素、超极化因子，它们与内皮细胞合成释放的缩血管物质内皮素形成内在调节体系，从而维持血管一定的舒张状态，当内皮依赖的血管舒张效应明显减弱，将有利于动脉粥样硬化病变的发生。正常情况下，血管内皮细胞分泌的NO和内皮素维持动态平衡，调节血管的正常舒缩功能，当这种动态平衡被打破，将影响血管的舒张和收缩，甚至造成内皮细胞损伤。实验证明，丹参酮ⅡA能够提高内皮细胞损伤时NO的含量，降低内皮素的含量，对内皮细胞的损伤有保护作用，可以延缓心血管疾病的进程。

　　人体静脉血管内皮细胞用含10%胎牛血清和1%内皮细胞增长因子F12培养基的DMEM培养液进行培养。随后细胞通过0.25%消过毒的胰岛素进行胰蛋白酶化以1∶2的分裂比培养2~3天。细胞分组后，根据实验的需要，在培养基中分别加入12.50μg/mL LPS、1mmol/L L-NNA、1~100μmol/L丹参酮ⅡA，进行不同时间的培养。做MTT实验时，细胞移至96孔板进行培养。

　　为了确认细胞中NO及其衍生产物的量，对其进行色谱分离：细胞在37℃下

用含有 3×10^{-6} mol/L 荧光探针的 DMEM 培养基浸泡 40min 后，离心除去培养基，并用 PBS 生理缓冲溶液洗涤 3 次。加入 1mmol/L L-精氨酸。30min 后，细胞用 PBS 在 1000 转下离心洗涤 3 次。然后通过超声破膜，离心后，取出上清液用三次水定容后，用 0.22μm 的过滤膜过滤作为分析液，直接进样进行色谱分析。进样前，C_{18} 柱用流动相平衡 30min，样品进样量为 20μL，流速为 1.0mL/min，柱温为室温，荧光激发波长 $\lambda_{ex} = 500$nm，发射波长 $\lambda_{em} = 510$nm。

在分别用 10μmol/L、50μmol/L、100μmol/L 的丹参酮 ⅡA 培养 12h、24h、48h 后，人体静脉血管内皮细胞放置于 3×10^{-6} mol/L TMDCDABODIPY 溶液中，在 37℃ 下浸泡 40min。用 PBS 生理缓冲溶液洗涤 3 次后，把细胞装载在载玻片上，放置于荧光显微镜下，滴加 1mmol/L L-精氨酸进行成像实验。用 100μmol/L 的丹参酮 ⅡA 培养 48h 后进行成像，结果如图 4.26 和图 4.27 所示。图 4.27 反映了图 4.26 中细胞随时间不同荧光强度的变化情况。

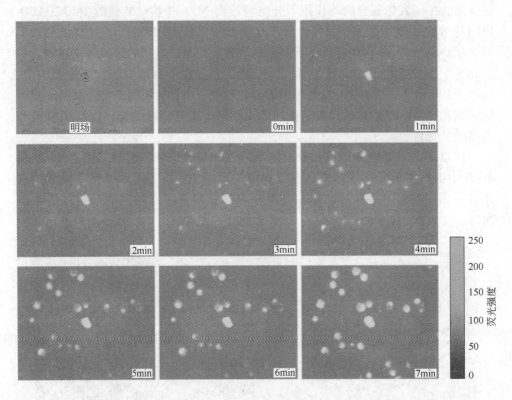

图 4.26　内皮细胞的荧光成像

（细胞用 100μmol/L 的丹参酮 ⅡA 孵育 48h，加入底物 L-Arg 的浓度为 1mmol/L）

因为 TMDCDABODIPY 的自身荧光很弱（荧光量子产率为 0.002），在 0min 时，倒置荧光显微镜下观察不到细胞的荧光，如图 4.26 所示。随着时间的延长，

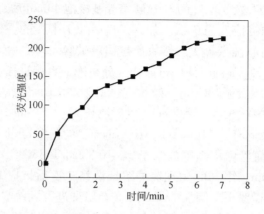

图 4.27　内皮细胞中探针的荧光强度与时间的关系

L-精氨酸在一氧化氮合酶的作用下开始释放出 NO，并被已装载的 TMDCDABO-DIPY 所捕获，迅速形成了强荧光的三氮唑 TMDCDABODIPY-T。L-精氨酸加入以后，从 0min 到 7min，在显微镜下细胞逐渐变亮，而且发亮的细胞越来越多，在 7min 时，细胞变得最亮，延长时间，细胞荧光强度不再改变。在成像实验中，1mmol/L L-精氨酸滴加到装载有细胞的玻片中心，中心的细胞最先接触到 L-精氨酸并最先变亮，随着 L-精氨酸溶液往四周扩散，玻片边缘的细胞逐渐接触到 L-精氨酸并变亮。

　　这也证明了细胞荧光增强是由细胞释放出来的 NO 引起的。图 4.28 是图 4.26 中细胞明场下和达到最亮时放大的荧光成像图，它显示了用于成像的人体静脉内皮细胞具有很好的形状，说明用丹参酮Ⅱ A 处理过的细胞存活状态很好。

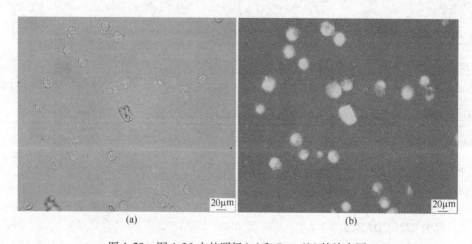

图 4.28　图 4.26 中的明场(a)和 7min(b)的放大图

没有加入丹参酮ⅡA进行培养的细胞成像如图4.29(a)所示。分别加入了10μmol/L和50μmol/L丹参酮ⅡA进行培养48h后的细胞成像如图4.29(b)和图4.29(c)所示。从几个图中可以看到，随着L-精氨酸加入后，细胞的荧光强度随着时间的进行逐渐地增强，前两分钟增强的幅度最大（大约从0%到50%），从2min到6min增长的幅度变慢（大约从50%到85%），从6min到7min增长的幅度进一步降低（大约从85%到100%），7min以后，进一步延长成像时间，细胞的荧光强度不再改变。从图中还可以看到用丹参酮ⅡA进行培养的细胞荧光强度增长的幅度都比较大，而用100μmol/L的丹参酮ⅡA培养48h后进行成像的细胞7min后荧光强度最强，但是比用50μmol/L的丹参酮ⅡA培养48h后进行成像的

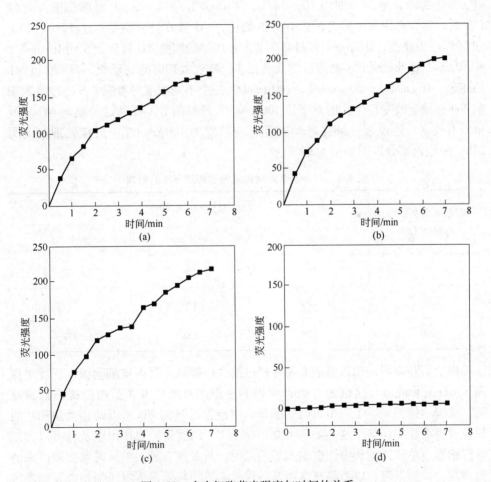

图4.29　内皮细胞荧光强度与时间的关系
(a) 细胞未用丹参酮ⅡA孵育；(b) 细胞用10μmol/L丹参酮ⅡA孵育48h；
(c) 细胞用50μmol/L丹参酮ⅡA孵育48h；(d) 细胞用50μmol/L丹参酮
ⅡA孵育48h，并加入1mmol/L的抑制剂L-精氨酸

细胞荧光强度增强得不多（大约为 3%），说明进一步增大丹参酮ⅡA的浓度和延长培养时间对于细胞荧光强度增强作用不大。为了进一步确认细胞中荧光增强是由细胞释放的 NO 引起的，通过在实验前往培养基中加入 1mmol/L L-精氨酸进行对比实验。当往细胞上滴加 L-精氨酸溶液后，细胞中的荧光强度并没有增强，如图 4.29(d)所示，这也表明实验中的细胞中荧光增强完全是由细胞释放的 NO 引起的。

人体静脉血管内皮细胞在经过丹参酮ⅡA（0～100μmol/L）处理不同时间（12h，24h，48h）后，进行高效液相色谱分析，结果见表 4.1。从表中可以看出，用丹参酮ⅡA（10μmol/L，50μmol/L，100μmol/L）处理过的细胞明显地提高了 NO 的释放量，分别用 10μmol/L、50μmol/L、100μmol/L 丹参酮ⅡA 处理 12h 后，比没有用丹参酮ⅡA 处理过的细胞，NO 释放量分别提高了 12%、20%和 29%。很显然，100μmol/L 丹参酮ⅡA 处理过的细胞 NO 释放量比用 10μmol/L 和 50μmol/L 丹参酮ⅡA 处理过的要高很多。随着处理时间的延长，48h 的和 24h 的相比，10μmol/L、50μmol/L、100μmol/L 三个不同浓度丹参酮ⅡA 处理过的细胞 NO 释放量改变很少，而对于用 100μmol/L 丹参酮ⅡA 处理过的细胞 NO 释放量没有改变。这说明，最佳丹参酮ⅡA 的浓度为 100μmol/L，最佳处理时间为 24h。细胞色谱分离图如图 4.30 所示。

表 4.1　丹参酮ⅡA 对内皮细胞释放 NO 的影响

丹参酮ⅡA浓度 /μmol·L⁻¹	百分比($n=6$)/%		
	孵育 12h	孵育 24h	孵育 48h
10	112	116	117
50	120	126	127
100	129	132	132

以上实验表明，用丹参酮ⅡA 处理过的人体静脉血管内皮细胞很大程度上提高了 NO 的释放量，这也为心血管病患者在服用丹参酮ⅡA 后可以提高血液流通、改善病情等提供了一个可能的解释。曾经报道过的 NO 可以防止大脑和心肌缺血或再灌注损伤等，这些效果可能归功于 NO 的血管扩张作用以及其可以抑制淋巴细胞、单核细胞和中性白细胞等的黏附。丹参素，另一种从丹参提取出来的活性成分，被报道可以清除氧自由基，保护心肌线粒体膜再灌注损伤以及脂质过氧化反应。因此，另一个可能是丹参酮ⅡA 可以间接地（通过丹参酮ⅡA 和 NO 作用）保护细胞避免过氧化伤害。所以研究更多的细胞模型来揭示丹参酮ⅡA 对细胞的作用机制是必要的。

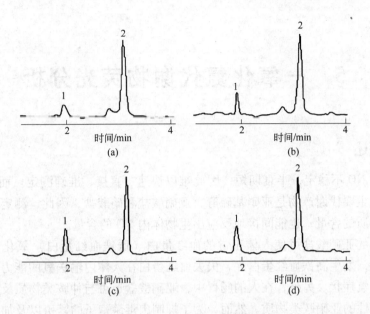

图 4.30 内皮细胞的色谱图

(a) 内皮细胞用 12.5μg/mL 的 LPS 激活 48h; (b) 内皮细胞用 12.50μg/mL LPS 和 10μmol/L 丹参酮 ⅡA 孵育 48h; (c) 内皮细胞用 12.5μg/mL LPS 和 50μmol/L 丹参酮 ⅡA 孵育 48h; (d) 内皮细胞用 12.50μg/mL LPS 和 100μmol/L 的丹参酮 ⅡA 孵育 48h

1—TMDCDABODIPY-T; 2—TMDCDABODIPY

5 一氧化氮代谢物荧光分析

5.1 概述

由于 NO 不稳定，半衰期短，因此难以快速、直接、准确测定。而 NO 在生物体内的主要代谢产物是亚硝基硫醇、亚硝酸盐和硝酸盐，因此，测定生物体内这几种物质的含量，也能间接地反应出生物体内 NO 的含量。

体内的亚硝酸盐可使人体正常的血红蛋白（低铁血红蛋白）氧化成为高铁血红蛋白，发生高铁血红蛋白症，失去血红蛋白在人体内输送氧的能力，导致出现组织缺氧症状。另外，在人的肠胃中，亚硝酸盐还可与仲胺类物质反应，生成具有致癌性的亚硝胺类物质。然而，为了抑制肉毒菌孢子的繁殖以及加速加工过程和添加必需的颜色和香味，亚硝酸盐被广泛用于食品的防腐和加工。一些细菌的作用，植物中的硝酸盐能被轻易还原成亚硝酸盐。另外，蔬菜生产中大量使用含有硝酸盐的化肥，增加了蔬菜中硝酸盐的累积。国家标准 GBN-50—77 规定肉制品中亚硝酸钠含量不得超过 $0.03g/kg$，食品卫生要求硝酸盐含量应小于 $0.50g/kg$。

S-亚硝基硫醇（RSNO）是生物体内转亚硝基过程中的中间代谢产物。NO 在有氧环境中可以与某些含巯基的硫醇结合形成 S-亚硝基硫醇。如生物体中 S-亚硝基缩氨酸就是从 NO 和氧气反应的中间产物中产生的。现已证明，NO 与硫醇之间、RSNO 与硫醇之间、RSNO 与蛋白质之间的转亚硝基反应是 NO 在生物体内进行储存和运输的重要机制。最近的研究表明 S-亚硝基缩氨酸也能调节血管紧张度，Stamler 等人还研究发现 S-亚硝基硫醇蛋白可以作为 NO 的循环源。进一步的研究发现在不同的免疫反应过程中形成了 S-亚硝基蛋白。大量的研究结果证实，RSNO 在生物体内具有很多诸如传递信号、改变蛋白质的结构和功能、阻止有害物质对细胞的伤害等重要的生理作用。同时 RSNO 的形成还对细胞毒性起着重要的作用，如谷胱甘肽在形成谷胱甘肽亚硝基硫醇（GSNO）时，能够保护细胞免遭过量 NO 的毒害。哺乳动物细胞在面对过量 NO 或者可以释放 NO 的化合物时会遭受一定的毒性，而通过损耗细胞内的谷胱甘肽形成相应的 RSNO 可以降低 NO 带来的毒性。另外，一些蛋白，比如血红蛋白，它具有大量的硫醇，通过形成 RSNO 来清除一些氮的氧化物，而起到保护的作用。这些研究表明，通过 NO 与氧气反应清除掉一些氮的氧化物形成相应的 RSNO，对于研究不同的毒物学机制是很重要的。而且在接触到 NO 时，一些含锌的蛋白质的手性结构也会遭到破坏从而抑制某些酶的活性。因此分析 RSNO 有助于研究 NO 重要的生理作用。

RSNO 的准确定量在 RSNO 与 NO 代谢关系研究、RSNO 的其他生物学效用等研究中具有重要作用。而且生物体内 RSNO 含量很大程度上代表着体内结合态 NO 含量，有报道称测定 RSNO 含量比测定生物体内 NO 代谢产物硝酸根（NO_3^-）、亚硝酸根（NO_2^-）浓度能够更客观地反映生物体内 NO 的代谢水平。

然而由于 RSNO 是 NO 代谢的中间产物，RSNO 在生物体内的代谢过程十分复杂，它受生物体内环境的氧含量变化、pH 值改变和氧自由基、氮氧自由基代谢等诸多因素的影响，对 RSNO 的定量分析存在着较大的难度。目前一些文献的研究结果证实，NO 在有氧环境中能够与某些硫醇物质（谷胱甘肽、半胱氨酸、蛋白质等）结合形成 RSNO。而且 NO 与硫醇物质结合形成 RSNO 后在富 O_2 环境中不容易被破坏（在富 O_2 环境中，NO 的半衰期不到 10s，而 RSNO 可达 40min）。重要的是 NO 与硫醇物质结合后并不完全丧失其生物学功能，在一定条件下很容易被释放。

目前，亚硝酸盐和 RSNO 的测定方法主要有比色测定、化学发光测定、电化学测定、毛细管电泳测定和高效液相色谱测定等。直接比色测定方法简便易行，但灵敏度比较低，用于亚硝酸盐测定时容易受到其他阴离子的干扰，用于 RSNO 测定则只能用于相对纯净、RSNO 含量较高的实验体系，测定总 RSNO 含量而不能对其各种成分进行鉴别，不适于生物样品的直接测定。化学发光法在亚硝酸盐测定中得到了比较广泛的使用，它的检测原理主要是基于 NO_2 还原到 NO 的反应和随后与臭氧的气相反应以及 NO_2 与鲁米诺的化学发光反应。但是，这些方法常受到 SO_2、H_2S、CO_2 和 O_3 等的干扰。该方法较少用于 RSNO 的测定。电化学方法重现性不够理想，而高效液相色谱法需要花费的时间比较长。最近毛细管电泳被应用于某些无机离子的快速分离，Jimidar 等人曾报道用毛细管电泳间接测定蔬菜样品中的亚硝酸盐，Marshall 和 Trenerry 则报道了用毛细管电泳直接同时测定不同的食物样品中的硝酸盐和亚硝酸盐。但重现性不好和昂贵的仪器设备都成为了这些方法广泛应用的障碍。

随着荧光探针的发展，基于荧光探针的 NO 代谢物的检测方法也得到了快速发展，亚硝酸根在这些方法中有的作为反应物，有的则作为催化剂，根据由此引起的荧光增强或者降低而采用直接或者间接的分析方法。由于荧光探针的性质，这类方法的灵敏度和选择性都得到了很大的提高。近年来，荧光法测定亚硝酸根得到了快速的发展。

5.2 亚硝酸盐荧光检测

5.2.1 流动注射光度法

马泓冰等人采用流动注射分析技术，以分光光度计为检测器，建立了同时测定血清中亚硝酸根和硝酸根的方法。他们以 α-萘胺-7-磺酸为显色剂，在 520nm 处比色，测定流路中装有锌-镉还原柱，将硝酸根在线还原为亚硝酸根。分析速度达 45 样/h，硝酸根和亚硝酸根的检出限分别为 0.01mg/L 和 0.003mg/L，相对标准偏差分别为 1.0% 和 0.5%。

王镇浦等人建立了测定水中痕量亚硝酸盐氮的 N-(1-萘基)-乙二胺反向流的注射-分光光度法，将 N-(1-萘基)-乙二胺盐酸溶液注入水样和对氨基苯磺酰胺的混合流，在 540nm 处对反应形成的红色染料进行分光光度检测，线性范围为 0.004~0.18mg/L，检出限为 0.0012mg/L，测定频率为 50 次/h。反向流动注射分析法比流动注射分析法灵敏度高得多，试剂消耗量也大大减少，选择性好，分析速度快。应用此法测定南京玄武湖湖水中痕量亚硝酸盐氮，测定结果的相对标准偏差为 3.5%，与 N-(1-萘基)-乙二胺分光光度法（国标法）测定结果相比较，平均相对误差为 4.2%。

高甲友等人基于亚硝酸根对 $KBrO_3$ 氧化罗丹明 6G 的催化作用及锌粉使硝酸根还原为亚硝酸根，建立了催化荧光光度法同时测定水、饮料中亚硝酸根和硝酸根的方法。另外，王克太等人基于同样的原理，将此指示反应和流动注射法相结合，建立了测定微量亚硝酸根的流动注射荧光光度分析方法，进样频率为 65 次/h，克服了手工方法操作繁琐、精密度差等不足，应用于水样分析。

徐远金等人利用十二烷基硫酸钠对稀磷酸介质中亚硝酸根催化溴酸钾氧化藏红 T 有显著的增敏作用，建立了催化动力学流动注射荧光法测定痕量亚硝酸根，该方法的线性范围为 0.5~25.0μg/L，检出限为 0.2μg/L，进样频率为 72 次/h，用该法对水样中亚硝酸根含量进行了测定，结果与标准方法测定的结果相符。Fvernandez-Arguelle 等人利用混合区带流动注射体系发展了一种简单、灵敏、选择性好的流动注射荧光光度法测定水样中亚硝酸根的方法。该方法根据亚硝酸根对普罗黄素（proflavine）荧光猝灭的影响，将 0.5mL 样品与 0.5mL 5 mg/mL 普罗黄素的流动注射体系在线连接到荧光光度计的传统样品室的流动池上，最后确定了选择性载体溶液为 0.1mol/L HCl，流速为 0.5mL/min。由于体系的简化，该方法 1h 内能完成 50 个样品的测定，亚硝酸根的检出限为 1.1ng/mL，线性范围为 100~400ng/mL。该方法成功地应用于各种水样如河水、泉水、管网水和商业饮用水中低含量亚硝酸根的测定。

5.2.2 荧光分光光度法

高甲友研究了稀硫酸介质中亚硝酸根与丫啶红发生的亚硝化反应，建立了测定痕量亚硝酸根的方法，探讨了反应机理，认为亚硝酸根与丫啶红发生亚硝化反应，反应产物与丫啶红相比，分子中增加了一个亚硝酸根，由于分子中引入了亚硝基的取代基效应，使丫啶红发生荧光猝灭，且亚硝酸根只与未质子化的仲胺基发生亚硝化反应。

周运友等人研究了盐酸介质中 N-(1-萘基)-乙二胺(NED)与亚硝酸根的反应，建立了荧光光度法测定亚硝酸根的方法，反应的机理为：与萘环连接的仲胺基和亚硝酸根反应后，N 原子上的孤电子对被亚硝酸基所吸收，使 π 电子共轭度降低，导致体系的荧光强度下降。

李荣等人根据亚硝酸根与中性红在 0.1mol/L HCl 中生成非荧光化合物的反应，发展了一种简单、灵敏的固相荧光猝灭法来测定食品样品中痕量亚硝酸根。

林德娟等人的研究发现，在酸性介质中，亚硝酸根与过量的 4-羟基香豆素迅速反应，其产物经 $Na_2S_2O_3$ 还原后在碱性介质中能发较强荧光，在适量 β-CD 存在下，体系荧光大大增强，从而建立了灵敏度高、选择性好、操作简便的亚硝酸根测定方法，该方法的 $\lambda_{ex} = 332nm$，$\lambda_{em} = 457nm$，线性范围为 $0.04 \sim 48\mu g/L$，检出限为 40pg/mL，方法被用于饮用水和肉制品中亚硝酸根盐的测定。

董捷等人也研究了 β-CD、CTMAB、TX-100 等表面活性剂对亚硝酸根与 2,3-二氨基萘(DAN)体系测亚硝酸根的增敏作用，发现三者均有不同程度的增敏作用，但 β-CD 的增敏作用最大，该法被应用于环境水样中亚硝酸盐的测定。

Gao 等人利用 β-环糊精发展了一种新型荧光探针——单[6-N-(2-羧基苯)]-β-环糊精(OACCD)，用来测定痕量亚硝酸根。它是基于在室温下稀 HCl 介质中，痕量亚硝酸根能促使荧光探针 OACCD 的荧光强度猝灭。该方法简单、快速、灵敏度高、选择性好，线性范围为 $0.02 \sim 1.7\mu mol/L$，检出限为 0.2nmol/L，将其用于测定不同水样、油样、食品中的亚硝酸根。

李建国等人基于在盐酸介质中，亚硝酸根氧化碘化钾，其反应产物 I_3^- 使罗丹明 B 荧光猝灭，提出了荧光猝灭法测定痕量亚硝酸根的方法，该方法检出限为 $3.6\mu g/L$，测定范围为 $10 \sim 120\mu g/L$，方法简便快速、选择性好、灵敏度高，用于合成样品、自来水及矿泉水中亚硝酸根的测定。

Jiao Chenxu 等也基于类似的反应，即亚硝酸根与过量 I^- 反应生成的 I_3^- 能够使咔唑衍生物发生荧光猝灭的性质，以咔唑衍生物——9-甲基丙烯酰氨咔唑(MAC)作为荧光载体，其末端双键以共价键固定在石英玻璃平板表面，通过光聚合反应来防止染料的泄露，建立了一种测定亚硝酸根的可逆化学传感器，该传感器在 pH = 2.0 时，测定亚硝酸根的线性范围为 $1.0 \times 10^{-6} \sim 1.0 \times 10^{-4} mol/L$，

检出限为 8.0×10^{-7} mol/L，并显示了良好的重现性与选择性，多数共存离子不干扰亚硝酸根的测定。

苑宝林和朱展才基于同样的原理，即亚硝酸根与碘化钾反应生成游离碘，碘使 2',7'-二氯荧光素（DCF）或者异硫氰酸荧光素发生猝灭，建立了测定亚硝酸根的新方法，检出限分别为 5.6μg/L 和 12μg/L，用于分析纯试剂和水样中痕量亚硝酸根的测定。

张华山课题组将分子荧光探针应用于亚硝酸根的测定，取得了很好的效果。TMDCDABODIPY 配制成 5×10^{-4} mol/L 的溶液，进行荧光测定时稀释至所需浓度。NaNO$_2$ 溶液（1×10^{-5} mol/L）的配制方法为：将亚硝酸钠固体在 110℃ 干燥 4h，溶于二次水中，并在溶液中加入一小片 NaOH 和几滴氯仿，防止溶液的酸化和抑制细菌的生长。储备液保存在冰箱中并每周更换，工作液每日更新。

实验方法：取 1.20mL 5×10^{-6} mol/L 的 TMDCDABODIPY 溶液放置于 10mL 的比色管中，加入 0.50mL 4×10^{-6} mol/L 的 NaNO$_2$ 溶液和 1.0mL 1mol/L 的盐酸溶液，稀释至 5mL，混匀后在 30℃ 下反应 15min，再加入 0.51mL 2mol/L NaOH 溶液，用二次蒸馏水定容至 10mL。选择激发和发射的狭缝宽度均为 3nm，激发波长 500nm，发射波长 510nm，测量其相对荧光强度。

样品准备：新鲜蔬菜（包括卷心菜）洗净后在室温下晾干，准确称量 10g，加入 100mL 二次水后捣碎，在 40℃ 下浸泡 30min，过滤后稀释到 250mL。移取 1mL 上述溶液在 10mL 容量瓶中定容并按实验方法测定。

新鲜卷心菜洗净后在室温下晾干，准确称量 10g，加入 100℃ 100mL 二次水后捣碎并浸泡 10min，过滤后稀释到 250mL。移取 1mL 上述溶液在 10mL 容量瓶中定容并按实验方法测定。

准确称量 10g 肉类样品，加入 50℃ 100mL 二次水后捣碎并浸泡 15min，过滤后稀释到 250mL。移取 1mL 上述溶液在 10mL 容量瓶中定容并按实验方法测定。

TMDCDABODIPY 与亚硝酸根反应生成三氮唑化合物 TMDCDABODIPY-T 的过程如图 5.1 所示。

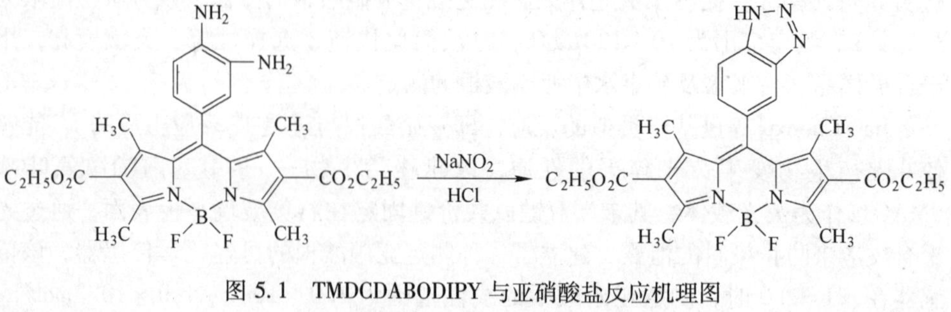

图 5.1 TMDCDABODIPY 与亚硝酸盐反应机理图

荧光探针 TMDCDABODIPY 及其形成的三氮唑化合物的荧光光谱图如图 5.2 所示。TMDCDABODIPY 的最大激发波长为 495nm，最大发射波长为 505nm。而三氮唑化合物 TMDCDABODIPY-T 的最大激发波长为 500nm，最大发射波长为 510nm。

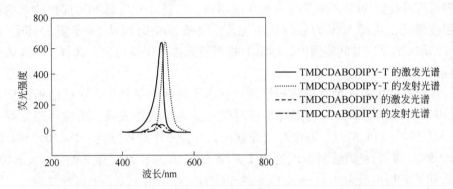

图 5.2　TMDCDABODIPY 与 TMDCDABODIPY-T 的荧光光谱图
（TMDCDABODIPY 浓度为 5×10^{-6} mol/L，NO_2 浓度为 2×10^{-5} mol/L）

以荧光素的 0.1mol/L 的 NaOH 溶液为基准，在该溶液中，荧光素的荧光量子产率为 0.92，根据以下公式进行计算：

$$\Phi_u = \Phi_s (D_u \times A_s) / (D_s \times A_u)$$

式中，Φ_u，Φ_s 分别为待测物质和基准物质的荧光量子产率；D_u，D_s 分别为待测物质和基准物质的荧光峰面积；A_u，A_s 分别为待测物质和基准物质在该波长的吸光度（$A < 0.050$）。

测定结果表明，TMDCDABODIPY 的荧光量子产率为 0.002，而三氮唑化合物 TMDCDABODIPY-T 的荧光量子产率达到了 0.58，这大大提高了荧光法检测的灵敏度。

TMDCDABODIPY 浓度的影响为：实验表明，TMDCDABODIPY 的浓度在 5×10^{-7} mol/L 和 7×10^{-7} mol/L 之间时，体系的相对荧光强度恒定，选定 6×10^{-7} mol/L 为最佳反应浓度。

反应酸度的影响为：TMDCDABODIPY 与亚硝酸根的反应必须在酸性条件下进行。在 0.02~0.16mol/L 之间考查了盐酸浓度对体系相对荧光强度的影响。实验表明，当盐酸的浓度范围在 0.08~0.12mol/L 之间时，相对荧光强度保持不变，选定 0.10mol/L 盐酸为最佳浓度。

NaOH 浓度的影响为：当荧光物质中含有酸性或者碱性基团时，溶液 pH 值的改变将对荧光物质的荧光强度产生较大的影响，虽然二氟化硼-二吡咯甲烷类荧光试剂具有 pH 值适应范围广的特点。为了提高方法的灵敏度，考查了 NaOH

浓度对体系相对荧光强度的影响。加入 NaOH 溶液的浓度从 0.10mol/L 到 0.22mol/L，结果发现，当 NaOH 溶液的浓度在 0.10 ~ 0.14mol/L 之间时，体系的荧光强度达到最大并保持不变，选定 0.12mol/L NaOH 为最佳反应条件。

反应温度和时间的影响为：当温度为 20℃ 时，体系的相对荧光强度比较弱，随着温度升高到 30℃，体系的荧光强度增强，当温度升高到 40℃ 时，体系的荧光强度降低，选择 30℃ 为最佳反应温度。考查反应时间从 5min 到 35min，在 15 ~ 35min 的反应时间范围内，体系的相对荧光强度保持恒定，选择 15min 为最佳反应时间。

移取不同量的标准亚硝酸根溶液，在选定的反应条件下，亚硝酸根浓度在 $9 \times 10^{-9} \sim 3 \times 10^{-7}$ mol/L 范围内与相对荧光强度呈线性关系，线性回归方程为 $Y = 521.57X + 114.87$（Y 为相对荧光强度；X 为亚硝酸根浓度，1×10^{-6} mol/L；$R = 0.9996$），当亚硝酸根的浓度为 1×10^{-7} mol/L 时，相对标准偏差（$n = 10$）为 2.40%，检出限为 0.21nmol/L（S/N = 3）。

共存离子的影响为：在选定的最佳测定条件下，当亚硝酸根离子浓度为 2×10^{-7} mol/L 时，以共存离子引起的荧光强度误差不超过 ±5% 为标准，考查了食品样品中共存离子对测定亚硝酸根离子的干扰，结果见表 5.1。从表中可以看出，这些共存离子的允许量大大超过实际生物体中这些离子的含量，不会对 NO_2^- 的测定构成干扰。

表 5.1　不同离子的影响

共存离子	允许量/$\mu g \cdot L^{-1}$	共存离子	允许量/$\mu g \cdot L^{-1}$
Ca^{2+}	50000	NO_3^-	100000
Mg^{2+}	50000	SO_4^{2-}	40000
Zn^{2+}	24000	PO_4^{3-}	40000
Pb^{2+}	2500	CO_3^{2-}	50000
Fe^{3+}	25000①	EDTA	150000
Cu^{2+}	20000	柠檬酸	100000
Br^-	25000	I^-	25000

①加入 0.01mg/mL EDTA。

蔬菜和肉类样品按前面的方法处理后，按实验方法测定样品中亚硝酸根离子浓度。所有的样品均按相同的方法和条件平行测定 6 次，测定结果见表 5.2 和表 5.3。从表 5.2 可以看到，随着蔬菜在冰箱中保存时间的延长，其中亚硝酸根的浓度明显增加。在冰箱中保存 48h 以后，新鲜的卷心菜和煮熟的卷心菜中亚硝酸根含量的增加都超过了 10 倍。尤其是煮熟的卷心菜中，增加的幅度远大于新鲜的卷心菜。从表5.3可以看到，熏烤和腌制的食品中，亚硝酸根的含量远高于没有经过熏烤和腌制的食品。

表5.2 卷心菜中亚硝酸盐的分析结果

样品	加入量 /mg·kg^{-1}	测定值 /mg·kg^{-1}	相对标准偏差 ($n=6$)/%	回收率/%
新鲜的卷心菜（保存在冰箱中）				
0h	0	0.87	1.72	
	1	1.9118	2.70	104.31
24h	0	2.39	2.85	
	3	5.22	1.46	94.62
36h	0	5.57	3.40	
	5	10.70	2.64	102.70
48h	0	9.23	1.62	
	10	18.82	3.95	95.82
煮熟的卷心菜（保存在冰箱中）				
0h	0	0.89	2.45	
	1	1.86	3.12	97.74
24h	0	3.18	1.42	
	3	6.15	4.02	98.82
36h	0	7.11	3.60	
	7	14.43	2.84	104.64
48h	0	11.51	2.74	
	12	23.92	1.15	103.40

表5.3 多种食品中亚硝酸盐的分析结果

样品	加入量 /mg·kg^{-1}	测定值 /mg·kg^{-1}	相对标准偏差 ($n=6$)/%	回收率/%
黄瓜	0	4.19	2.68	
	5	9.31	2.42	102.35
马铃薯	0	4.30	1.92	
	5	9.12	2.36	96.48
西红柿	0	3.96	2.32	
	5	8.92	1.45	99.10
大蒜	0	4.22	2.65	
	5	9.15	2.45	98.56

续表 5.3

样 品	加入量 /mg · kg^{-1}	测定值 /mg · kg^{-1}	相对标准偏差 ($n=6$)/%	回收率/%
洋 葱	0	4.68	1.89	
	5	9.56	3.72	97.52
牛 肉	0	4.18	3.24	
	5	9.46	2.19	105.48
茄 子	0	9.34	2.68	
	10	18.82	3.64	94.78
奶 酪	0	16.34	1.76	
	10	26.01	1.38	96.71
香 肠	0	29.83	2.54	
	10	40.17	3.14	103.45
火 腿	0	30.79	3.12	
	10	40.65	4.25	98.62

2008 年，DAMBO 被用于亚硝酸盐的荧光光度法测定。在酸性条件下，DAM-BO 与亚硝酸盐反应生成三氮唑产物 DAMBO-T（见图 5.3），体系由弱荧光变成强荧光。方法的线性范围为 $6 \times 10^{-9} \sim 5 \times 10^{-7}$ mol/L，检出限为 1×10^{-10} mol/L（S/N = 3）。

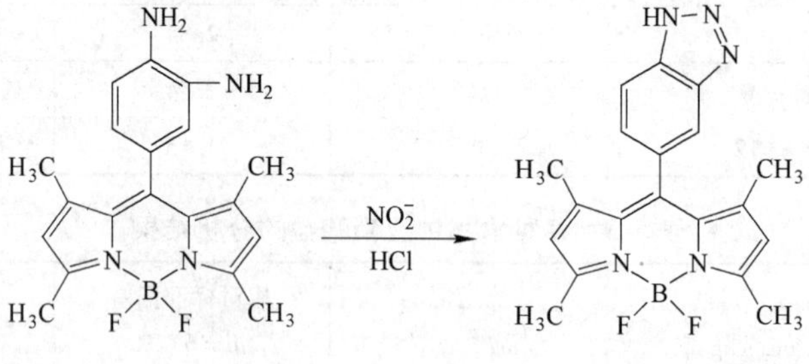

图 5.3   DAMBO 与亚硝酸盐反应机理图

实验方法为：取 0.50mL 6×10^{-6} mol/L 的 DABODIPY（DAMBO）（见图 5.4）溶液放置于 10mL 的比色管中，加入 0.50mL 3×10^{-6} mol/L 的 NaNO$_2$ 溶液和 1.0mL 1mol/L 的盐酸溶液，稀释至 5mL，混匀后在 30℃ 下反应 15min，再加入 0.51mL 2mol/L NaOH 溶液，用二次蒸馏水定容至 10mL。选择激发和发射的狭缝宽度均为 3nm，激发波长 500nm，发射波长 510nm，测量溶液的荧光强度。

硝酸根的还原：取 0.5mL 1×10^{-4} mol/L 的硝酸根置于 10mL 比色管中，加入 0.2g 锌粉和 1.5%（质量分数）的氯化镉溶液 1.0mL，充分振荡混匀 10s，然后

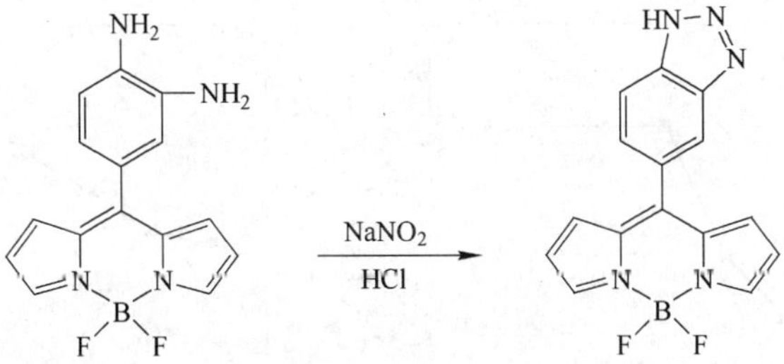

图5.4 DABODIPY 与亚硝酸根在酸性条件下反应

振摇45min，用干燥滤纸过滤，取适量滤液按实验方法测定，以没有加入硝酸根的还原液为空白液。

样品前处理：蔬菜洗净后在室温下晾干，准确称量10g，加入100mL 二次水后捣碎，在40℃下浸泡30min，过滤后稀释到250mL。移取1mL 上述溶液在10mL 容量瓶中定容并按实验方法测定。分别称量10g 香肠和火腿，加入50℃100mL 二次水后捣碎并浸泡15min，过滤后稀释到250mL。移取1mL 上述溶液在10mL 容量瓶中定容并按实验方法测定。

在酸性条件下，DABODIPY 与亚硝酸根于30℃下反应15min 后生成强荧光的三氮唑产物 DABODIPY-T，其反应过程如图5.4所示。实验结果表明，DABODIPY 的最大激发波长为494nm，最大发射波长为504nm。而三氮唑化合物 DABODIPY-T 的最大激发波长为500nm，最大发射波长为510nm。

以荧光素的0.10mol/L 的 NaOH 溶液为基准测定 DABODIPY 的荧光量子产率为0.002，而三氮唑化合物 DABODIPY-T 的荧光量子产率达到了0.50。

DABODIPY 和 DABODIPY-T 的稳定性很大程度上会影响检测的灵敏度和重现性，详细地研究了它们在室温下的光稳定性。用一个100 W 的白炽灯泡在10 cm 处照射分别装有 2×10^{-6} mol/L DABODIPY 和 DABODIPY-T 溶液的比色管，并用室温的水进行冷却，照射一定时间后进行荧光强度的测定。结果表明，60h 后，DABODIPY 和 DABODIPY-T 的荧光强度只分别降低了0.48% 和0.36%。说明探针及其衍生物具有很好的光稳定性。

试剂浓度的影响：选定亚硝酸根的浓度为 3×10^{-7} mol/L 时，在 $1 \times 10^{-7} \sim 8 \times 10^{-7}$ mol/L 之间考查了 DABODIPY 浓度对体系荧光强度的影响，结果发现，当 DABODIPY 的浓度在 $5 \times 10^{-7} \sim 8 \times 10^{-7}$ mol/L 时，体系的荧光强度达到最高，继续增加探针的浓度，体系荧光强度不变，因此，选择 6×10^{-7} mol/L 的 DABODIPY 为最佳试剂浓度，如图5.5(a)所示。

反应酸度的影响为：DABODIPY 与亚硝酸根的反应必须在酸性条件下进行，因此，反应酸度在该反应中起着重要作用。在 0.02 ~ 0.16mol/L 之间考查了盐酸

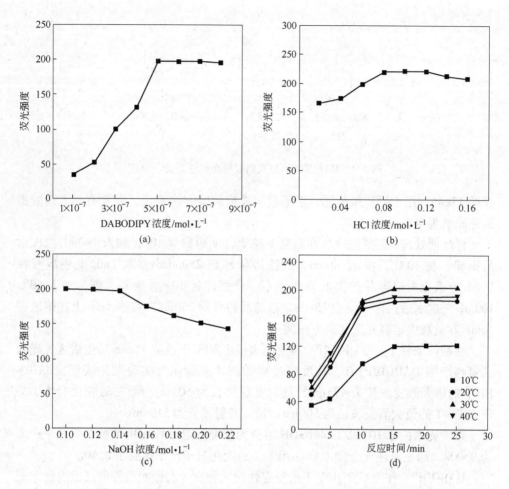

图 5.5 DABODIPY 浓度(a)、HCl 浓度(b)、NaOH 浓度(c)及
反应时间和反应温度(d)对荧光强度的影响

浓度对体系荧光强度的影响。实验表明，当盐酸的浓度范围在 0.08 ~ 0.12mol/L
之间时，荧光强度保持不变（见图 5.5(b)），选定 0.1mol/L 盐酸为最佳浓度。

浓度的影响为：当荧光物质中含有酸性或者碱性基团时，溶液 pH 值的改变
将对荧光物质的荧光强度产生较大的影响，虽然二氟化硼-二吡咯甲烷类荧光试
剂具有 pH 值适应范围广的特点。为了提高方法的灵敏度，在 DABODIPY 与亚硝
酸根反应后，在溶液中加入 NaOH 溶液来调节溶液的 pH 值。考查了 NaOH 浓度
对体系荧光强度的影响。加入 NaOH 溶液的浓度从 0.10mol/L 到 0.22mol/L，结
果发现当 NaOH 溶液的浓度在 0.1 ~ 0.14mol/L 之间时，体系的荧光强度达到最
大并保持不变（见图 5.5(c)），选定 0.12mol/L NaOH 为最佳反应条件。

温度和时间对 DABODIPY 与亚硝酸根反应的影响如图 5.5(d)所示。由图可

知，在低温（如10℃和20℃）时的荧光强度低于较高温度（30℃和40℃）时的荧光强度。但当温度升高超过30℃时，体系的荧光强度反而降低，这可能是因为温度升高使体系荧光猝灭。同时，随着温度的升高，反应达到平衡所需时间减少。综合考虑，选择30℃为最佳反应温度，15min为最佳反应时间。

在选定的最佳反应条件下，亚硝酸根浓度在 $6 \times 10^{-8} \sim 6 \times 10^{-6}$ mol/L 范围内与荧光强度呈线性关系，线性回归方程为 $Y = 601.26X + 16.87$（Y 为相对荧光强度；X 为亚硝酸根浓度，1×10^{-6} mol/L；$R = 0.9992$），当亚硝酸根的浓度为 3×10^{-7} mol/L 时，相对标准偏差（$n = 10$）为2.14%，检出限为2.0nmol/L（S/N = 3）。

选定亚硝酸根离子浓度为 3×10^{-7} mol/L，测定干扰离子的影响。干扰离子的最大允许浓度对荧光强度的改变不超过 ±5%，结果见表5.4。从表中可以看出，这些共存离子的允许量大大超过实际样品中这些离子的含量，在实验条件下不会对实验构成干扰。

表5.4　干扰离子的影响

共存离子	允许量/μg·L^{-1}	共存离子	允许量/μg·L^{-1}
Ca^{2+}	54000	NO_3^-	100000
Mg^{2+}	48000	SO_4^{2-}	50000
Zn^{2+}	28000	PO_4^{3-}	60000
Pb^{2+}	2800	CO_3^{2-}	54000
Fe^{3+}	30000[①]	EDTA	150000
Cu^{2+}	25000	柠檬酸	100000
Br^-	28000	I^-	28000

①加入0.01mg/mL EDTA。

将该方法用于测定样品中亚硝酸根和硝酸根的含量。样品中亚硝酸根的含量（W_1）按该方法直接测定。相同的样品用前述方法把硝酸根还原成亚硝酸根后，测定总的亚硝酸根的含量（W_2），然后根据 $W_2 - W_1$ 求出样品中硝酸根的含量。所有的样品均按相同的方法和条件平行测定6次，测定结果见表5.5。样品分析的加标回收率在98.16%~103.20%之间，相对标准偏差在1.60%~2.24%之间。

表5.5　多种食品中硝酸根的分析结果

样　品	化 合 物	测定值/mg·kg^{-1}	相对标准偏差（$n=6$)/%	回收率/%
卷心菜	NO_2^-	0.92	1.72	98.23
	NO_3^-	615.12	1.80	101.31

样　品	化　合　物	测定值 /mg·kg^{-1}	相对标准偏差 ($n=6$)/%	回收率/%
黄　瓜	NO_2^-	4.32	2.18	99.21
	NO_3^-	89.67	2.02	102.35
西红柿	NO_2^-	4.02	1.82	98.34
	NO_3^-	145.22	1.65	99.10
洋　葱	NO_2^-	4.41	1.89	102.10
	NO_3^-	189.65	1.72	98.16
茄　子	NO_2^-	9.44	1.68	101.11
	NO_3^-	201.34	1.64	99.78
香　肠	NO_2^-	28.82	2.04	102.13
	NO_3^-	23.24	1.94	103.20
火　腿	NO_2^-	29.62	2.12	102.42
	NO_3^-	24.42	2.23	98.62

　　有些食品中亚硝酸盐的含量较低，且基质成分复杂，用一般的分析方法分析干扰大，难以准确、灵敏、快速测定。因此，样品预处理技术常被应用于成分复杂、含量低的样品分析。固相萃取由于具有高的富集效率、相分离迅速、低成本和低污染等优点，被广泛地应用于环境、生物、材料和化学等各个研究领域。石墨烯是一种新型的二维平面碳纳米材料，近年来受到研究者的广泛关注。它是由一层密集的、包裹在蜂巢晶体点阵上的碳原子组成的，是世界上最薄的二维材料，其厚度仅为 0.35nm。这种特殊结构使石墨烯表现出许多独特的性质，比如它具有优良的力学性能以及大的比表面积（理论值为 2630m^2/g）、成本低廉、可加工性好、吸附能力强等优点，目前在化学、电子、信息、能源、材料和生物医药等研究领域受到广泛关注。因此，以石墨烯为吸附剂制备了固相萃取柱。亚硝酸盐经荧光探针 8-(3',4'-二氨基苯)-二氟化硼-二吡咯甲烷（DABODIPY）衍生后，用固相萃取柱预富集，用甲醇洗脱后，收集洗脱液进行荧光光度分析。该方法具有灵敏度高、快速、选择性好等优点。利用该方法，实现了多种食品中亚硝酸盐的准确、快速测定。

　　氧化石墨烯用 Hummers 和 Offeman 法制备。简言之，在冰浴条件下，5g 石墨粉缓慢滴加到浓 H_2SO_4（87.5mL）和浓 HNO_3（45mL）的混合溶液中。然后 55g $KClO_3$ 缓慢加入上述混合物中，在室温下搅拌 80h。所得产物倒入水中并过滤。然后在 80℃ 干燥后即可获得氧化石墨烯。将 100mL 经过上述方法制备的氧化石墨水溶液中加入 70μL 肼溶液和 0.7mL 氨水，然后在 95℃ 下搅拌 60min，过滤和真空干燥后制得石墨烯纳米片。

实验方法为：取 1mL 6×10^{-6}mol/L 的 DABODIPY 溶液放置于 10mL 的比色管中，加入 1mL 3×10^{-6}mol/L 的 $NaNO_2$ 溶液和 2mL 1mol/L 的盐酸溶液，稀释至 10mL，混匀后在 30℃下反应 15min，再加入 1.02mL 0.12mol/L 的 NaOH 溶液，用二次蒸馏水定容至 10mL。购置于 Waters 公司的 3mL 容积的萃取柱取出填充的 C_{18}硅胶后填入 20mg 的石墨烯。为了去除污染，使用前填充柱分别用 10mL 的 0.3mol/L 抗坏血酸、1mol/L 硝酸、甲醇和二次水清洗。然后 10mL 的样品溶液用萃取柱萃取。随后用 0.5mL 甲醇冲洗。选择激发和发射的狭缝宽度均为 3nm，激发波长为 500nm，发射波长为 510nm，测量洗出液的荧光强度。

分别考察了石墨烯、C_{18}硅胶、多壁碳纳米管（MWCNTs）作为萃取柱填料对衍生产物萃取效率的影响。20mg 不同填料分别填装入 3mL 的柱子中，然后分别对 10mL 的样品溶液进行萃取，并用 0.5mL 甲醇洗脱，结果如图 5.6 所示。以石墨烯为吸附剂时，衍生物的荧光强度最大。以 C_{18}硅胶为填充物时，衍生物的荧光强度最小，这说明 C_{18}硅胶对衍生产物的吸附能力较差。虽然多壁碳纳米管的萃取效率和石墨烯差别较小，

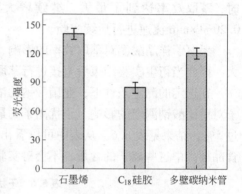

图 5.6 不同固相萃取柱填充剂
对荧光强度的影响
（亚硝酸盐的浓度为 2×10^{-8}mol/L）

但是多壁碳纳米管上的衍生产物洗脱较为困难，需要更大的压力和更长的洗脱时间。洗脱压力增大会缩短萃取柱的使用寿命。这些可能是由于碳纳米管上的离域 π 键和物理吸附引起的。酸处理过的多壁碳纳米管上有较多的羧基和羟基等基团，和衍生产物作用力强。同时碳纳米管的管状结构也使得目标分子不易于从碳管上洗脱下来。而石墨烯的薄片使目标分子很容易进行吸附和洗脱，这有效提高了石墨烯的萃取效率。

考察了包括甲醇、四氢呋喃和正己烷等不同溶剂的洗脱效率。相同浓度的衍生产物经萃取柱萃取后，分别用这三种溶剂进行洗脱，测定洗脱液的荧光强度，结果甲醇的洗脱效率最高。三者的荧光强度比为甲醇/四氢呋喃/正己烷 = 2.5/1.8/1。考察了甲醇用量对洗脱液荧光强度的影响。结果表明，用 0.5mL 的甲醇进行洗脱可获得最高的荧光强度。当甲醇的量低于或高于 0.5mL 时，洗脱液的荧光强度降低。

过多的样品装载会导致分析物得不到充分的富集，而过少的样品装载则会降低萃取的富集倍数。为了考查萃取柱对衍生产物的萃取性能，取不同体积的浓度为 2×10^{-8}mol/L 的衍生产物用萃取柱进行萃取，测定洗脱液的荧光强度。当逐

渐将样品量从 1mL 增大到 50mL 时，洗脱液的荧光强度随着样品量的增大而增大。当洗脱液体积进一步增大时，结果表明萃取柱仍未达到萃取平衡，这说明萃取柱对衍生产物具有很强的萃取能力。根据实验对萃取时间和萃取灵敏度的要求，选择 10mL 样品装载量。

为了在较短时间内得到较高的萃取效率，对萃取的速度进行了优化。在 $0.1 \sim 0.30 mL/min$ 的流速范围内考查了萃取速度的影响。当萃取速度在 $0.1 \sim 0.20 mL/min$ 之间时，随着流速的增大，萃取效率稍有上升，当达到 $0.20 mL/min$ 时，萃取效率达到了最大。继续增大萃取流速，萃取效率有所下降，选择 $0.20 mL/min$ 流速进行后续实验。

考察了样品酸度对萃取效率的影响，结果表明样品的酸度对萃取效率影响不大，因此当衍生实验结束后直接进行萃取实验。

在选定的测定条件下，亚硝酸钠的浓度为 $2 \times 10^{-8} mol/L$，考察了常见共存离子对亚硝酸钠测定的影响，干扰离子的最大允许浓度对体系荧光强度的改变不超过 5%，结果见表 5.6。从表中可以看出，这些共存离子的允许量大大超过实际食品样品中这些离子的含量，不会对实验构成干扰。

表 5.6 干扰离子的影响

共存离子	允许量/$\mu g \cdot L^{-1}$	共存离子	允许量/$\mu g \cdot L^{-1}$
Ca^{2+}	50000	NO_3^-	50000
Mg^{2+}	50000	SO_4^{2-}	50000
Zn^{2+}	30000	PO_4^{3-}	50000
Pb^{2+}	3000	CO_3^{2-}	50000
Al^{3+}	3000	EDTA	50000
Cu^{2+}	3000	柠檬酸	50000
Br^-	20000	I^-	20000

在选定的最佳实验条件下进行荧光光度测定，分析结果见表 5.7。当亚硝酸钠的浓度在 $0.2 \sim 200 nmol/L$ 之间时，其浓度与衍生物相对荧光强度呈良好的线性关系（$R = 0.993$）。当信噪比等于 3 时，检出限为 0.08nmol/L。对同一浓度水平的亚硝酸钠溶液平行测定 9 次，相对标准偏差为 3.9%。与不经萃取直接测定的方法相比，检测灵敏度有了显著提高。这说明基于石墨烯的固相萃取柱对衍生产物具有很好的萃取能力。

表 5.7 方法比较

分析参数	未萃取直接分析	萃取后分析
线性范围/$nmol \cdot L^{-1}$	$60 \sim 600$	$0.2 \sim 200$
回归方程	$Y = 601.26X + 16.87$	$Y = 5.12X + 40.38$
检出限/$nmol \cdot L^{-1}$	2.0	0.08
相关系数	0.995	0.993
相对标准偏差/%	2.1	3.9

蔬菜和肉类样品按前面的方法处理后，按实验方法测定样品中亚硝酸根离子浓度。所有的样品均按相同的方法和条件平行测定 6 次，测定结果见表 5.8。加标回收率在 94.0% ~110.4% 之间，相对标准偏差在 2.1% ~4.9% 之间，这说明方法具有较好的重现性和准确性。

表 5.8　食品中亚硝酸根的分析结果

样　品	加入值 /mg·kg^{-1}	测定值 /mg·kg^{-1}	相对标准偏差/%	回收率/%
西红柿	0	4.10	2.1	
	5	8.80	2.4	94.0
大　蒜	0	4.30	3.2	
	5	9.18	3.1	97.6
洋　葱	0	4.50	4.5	
	5	9.67	3.2	103.4
牛　肉	0	4.60	3.9	
	5	9.94	4.9	106.8
香　肠	0	32.40	4.7	
	10	43.44	2.4	110.4
火　腿	0	34.80	3.8	
	10	40.46	2.9	96.6

张娴等人于 2003 年利用罗丹明 110 建立了亚硝酸盐检测的荧光光度分析法。罗丹明 110 与亚硝酸盐在酸性条件下反应生成新的产物，导致体系荧光强度下降。其结构式及反应机理如图 5.7 所示。该方法线性范围为 $1 \times 10^{-8} \sim 3 \times 10^{-7}$ mol/L，检出限为 7×10^{-10} mol/L（S/N = 3）。该方法应用于自来水和湖水中亚硝酸盐的测定，回收率为 105.0% 和 97.8%。

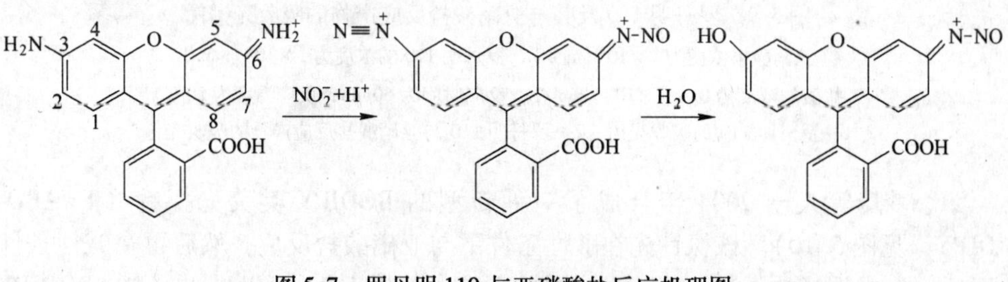

图 5.7　罗丹明 110 与亚硝酸盐反应机理图

图 5.8 所示为罗丹明 110 及其与亚硝酸盐反应产物的荧光光谱图。罗丹明 110 的最大激发波长和发射波长分别为 502.4nm 和 521.6nm，吸收波长为 498nm，

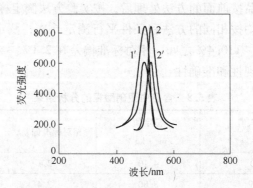

图 5.8   罗丹明 110 及其与亚硝酸盐反应产物的荧光光谱图

（亚硝酸根浓度为 1×10^{-7} mol/L，罗丹明 110 的浓度为 1×10^{-7} mol/L，

盐酸的浓度为 0.457×10^{-10} mol/L，反应时间为 60min，反应温度为 20℃）

1，2—罗丹明 110 的激发光谱和发射光谱；1′，2′—罗丹明 110 与

亚硝酸盐反应产物的激发光谱和发射光谱

其与亚硝酸盐反应的产物的吸收波长为 484.5nm（见图 5.9）。

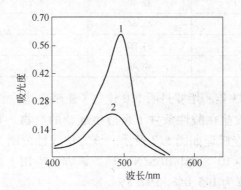

图 5.9   罗丹明 110 及其与亚硝酸盐反应产物的吸收光谱图

（亚硝酸根浓度为 1×10^{-7} mol/L，罗丹明 110 的浓度为 1×10^{-7} mol/L，

盐酸的浓度为 0.457×10^{-10} mol/L，反应时间为 60min，反应温度为 20℃）

1—罗丹明 110 的吸收光谱；2—罗丹明 110 与亚硝酸盐反应产物的吸收光谱

李梦玲等人于 2004 年合成了一种新型的 BODIPY 类荧光探针（TMABO-DIPY，见图 5.10）。该探针先在酸性条件下与亚硝酸盐反应，然后再在碱性条件下反应生成重氮盐，是一个荧光增强的反应。从图 5.11 可以看出，TMABODIPY 的最大激发波长和发射波长分别为 497nm 和 510nm。当亚硝酸钠的浓度在 8 ~ 300nmol/L 之间时，其浓度与衍生物相对荧光强度呈线性关系（$R = 0.9987$）。当信噪比等于 3 时，检出限为 0.65nmol/L。该方法应用于饮用水和油菜中亚硝酸盐

的测定，回收率为 95.0% ~ 105.0% 。

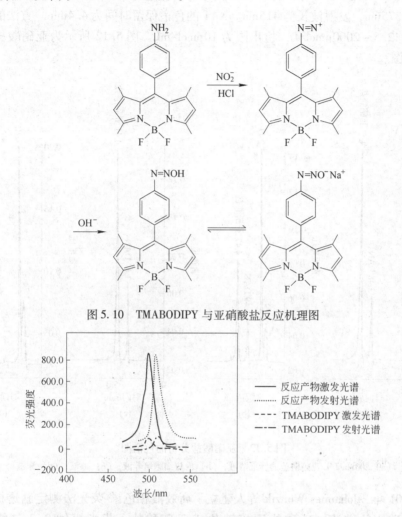

图 5.10　TMABODIPY 与亚硝酸盐反应机理图

图 5.11　TMABODIPY 及其与亚硝酸盐反应产物的荧光光谱图

（亚硝酸根的浓度为 2×10^{-6} mol/L，TMABODIPY 的浓度为 2×10^{-6} mol/L，

盐酸的浓度为 0.36 mol/L，NaOH 的浓度为 0.52 mol/L，

反应时间为 30 min，反应温度为 40℃）

5.2.3　高效液相色谱法

2000 年，Wu Guoyao 等人建立了反相高效液相色谱-荧光法快速测定亚硝酸盐的方法。荧光探针 2,3-二氨基萘（DAN）用于亚硝酸盐的衍生。硝酸盐用硝酸盐还原酶还原成亚硝酸根再跟 DAN 反应。DAN 和亚硝酸盐在酸性条件下反应生成强荧光的三氮唑产物（NAT）。HPLC 的流动相采用磷酸盐缓冲溶液

（0.015mol/L，pH = 7.5），含有 50% 的甲醇，流速为 1.3mL/min，检测器的激发波长为 375nm，发射波长为 415nm。NAT 的色谱保留时间为 4.4min。方法的线性范围为 12.5 ~ 2000nmol/L，检出限为 10pmol/mL。图 5.12 所示为亚硝酸盐分析的色谱图。

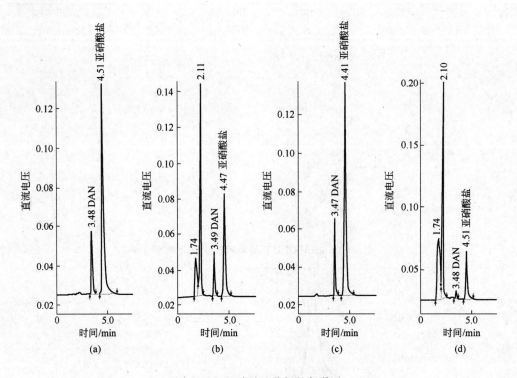

图 5.12　亚硝酸盐分析的色谱图

（a）200nmol/L 亚硝酸盐的标准溶液；（b）内皮细胞培养液；（c）血液；（d）尿液

2001 年，Johannes Woitzik 等人建立了高效液相色谱-荧光法测定脑透析液中的亚硝酸盐的方法。硝酸盐用酶转化成亚硝酸盐。荧光探针 2,3-二氨基萘（DAN）用于亚硝酸盐的衍生。HPLC 的流动相采用硼酸盐缓冲溶液（10mmol/L，pH = 9.0），含有 25% 的乙腈，流速为 1.0mL/min，检测器的激发波长为 365nm，发射波长为 425nm。方法的线性范围为 10 ~ 1000nmol/L。图 5.13 所示为亚硝酸盐的标准工作曲线及色谱图。

5.2.4　毛细管电泳法

2012 年，Ann Van Schepdael 等人报道了毛细管电泳-荧光法检测亚硝酸盐。荧光探针 2,3-二氨基萘（DAN）被用于亚硝酸盐的衍生。缓冲溶液为硼砂溶液（20mmol/L，pH = 9.23），DAN 与亚硝酸盐的反应产物 NAT 的出峰时间为

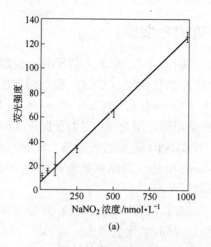
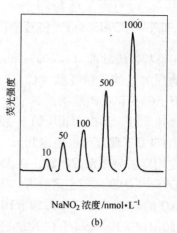

图 5.13 亚硝酸盐的标准工作曲线图(a)及 DAN 与

不同浓度的 NO 反应后产物的色谱图(b)

1.4min（见图 5.14），检测器激发波长为 240～400nm，发射波长为 418nm。该方法的线性范围为 2～500nmol/L，在血样中的检出限为 0.6mol/L，是毛细管电泳-紫外光法的 11750 倍。

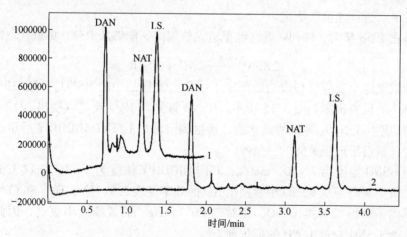

图 5.14 血样的典型电泳图

（血样中含有 137nm 的亚硝酸盐和 50nm 的内标物）

1—短端注射；2—标准端注射

5.3 亚硝基硫醇荧光检测

张华山等人将 BODIPY 衍生物应用于 S-亚硝基硫醇（RSNO）的测定，取得了良好的效果。

5.3.1 基于 TMDABODIPY 的亚硝基硫醇荧光检测

S-亚硝基谷胱甘肽（GSNO）和 S-亚硝基半胱氨酸（CYSNO）的制备方法为：等物质的量的谷胱甘肽（GSH）或者半胱氨酸（CYS）和亚硝酸钠溶在水中，GSH、CYS 和亚硝酸钠的终浓度为 100mmol/L。加入 0.40mol/L 的 HCl，这时溶液迅速变红，形成了相应的 S-亚硝基硫醇。混合液在 4℃下保存 30min。GSNO 溶液在 4℃下保存可以稳定几天，而 CYSNO 需要当天制备。RSNO 溶液终浓度的测定用摩尔吸光系数测定：在 334nm，GSNO 的摩尔吸光系数为 $780mol^{-1} \cdot cm^{-1}$，CYSNO 的摩尔吸光系数为 $900mol^{-1} \cdot cm^{-1}$。

RSNO 的测定：取 2mL $2.50 \times 10^{-6}mol/L$ 的 TMDABODIPY 溶液（用 PBS 配制）和 50μL $4 \times 10^{-4}mol/L$ GSNO 放置于 10mL 的比色管中，混匀后，加入 $HgCl_2$ 溶液，定容至 5mL 的刻度，在室温下反应 15min，用蒸馏水定容至刻度，这时 $HgCl_2$ 终浓度为 $1 \times 10^{-4}mol/L$。选择荧光光度计的激发和发射的狭缝宽度均为 3nm，激发波长为 498nm，发射波长为 507nm，测量其相对荧光强度。

样品准备：血样通过静脉穿刺获得，取出后通气几分钟，然后加到含有 $5 \times 10^{-6}mol/L$ 的 TMDABODIPY 溶液和 PBS 的溶液中，再加入 $1 \times 10^{-4}mol/L$ 的 Hg^{2+} 溶液，在 30℃下反应 15min 后，在 3000 转下离心 10min 除掉沉淀物，过滤取出上层清液，进行光度法测定。

早在 1958 年时，Saville 就已经报道二价汞离子能够从 RSNO 中取代 NO：

$$2RSNO \xrightarrow{Hg^{2+}} 2NO + RSSR$$

他根据这个反应机理成功地测定了一些生物样品中的 RSNO。TMDABODIPY 与 RSNO 的反应机制如图 5.15 所示。RSNO 首先与 Hg^{2+} 反应置换出 NO，NO 再与 O_2 反应生成 N_2O_3 等氮的氧化物，接触到溶液中的 TMDABODIPY 后迅速生成重氮盐，最后形成强荧光的三氮唑。

当 GSNO 浓度为 $2 \times 10^{-6}mol/L$，TMDABODIPY 浓度为 $5 \times 10^{-6}mol/L$ 时，不同的二价金属离子从 GSNO 中置换出 NO 的效率见表 5.9，除了 Hg^{2+} 和 Cu^{2+}，其他金属离子都很难置换出 NO，相对于 Cu^{2+}，Hg^{2+} 的置换效率更高，因此选择 Hg^{2+} 作为 GSNO 释放出 NO 的催化剂。

表 5.9 不同二价金属离子对荧光强度的影响

二价金属离子（0.1mmol/L）	荧光强度	二价金属离子（0.1mmol/L）	荧光强度
Hg(Ⅱ)	618.28	Fe(Ⅲ)	14.68
Cu(Ⅱ)	548.54	Co(Ⅱ)	12.99
Pb(Ⅱ)	12.49	Mn(Ⅱ)	14.11
Zn(Ⅱ)	18.76	Cd(Ⅱ)	25.89
Fe(Ⅱ)	12.91		

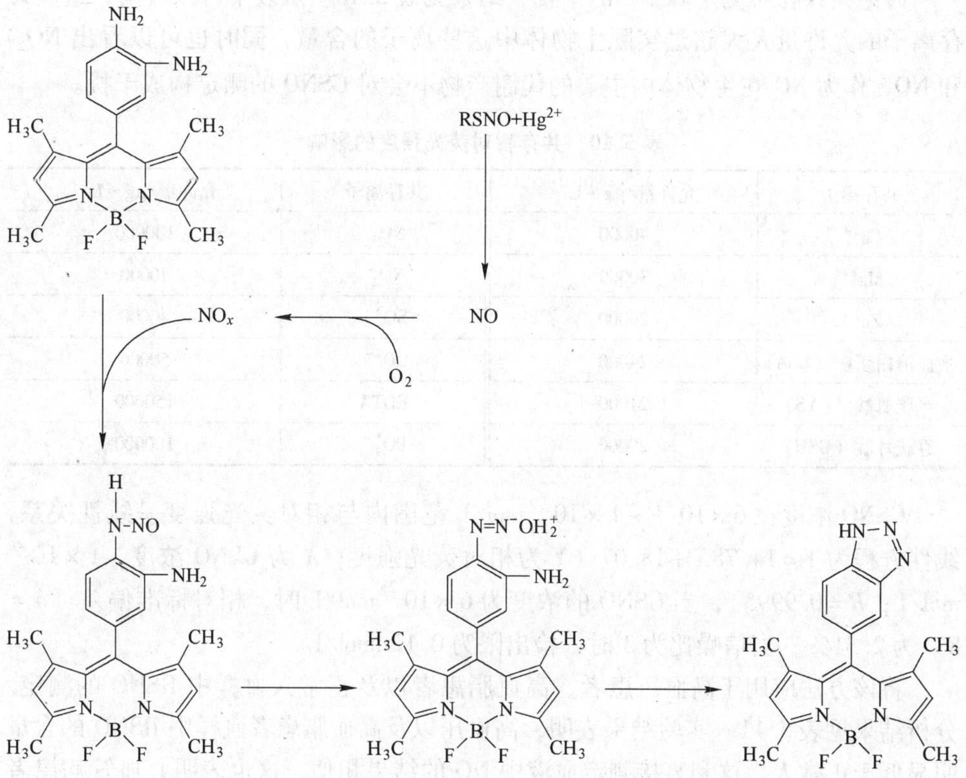

图5.15 RSNO 与 TMDABODIPY 反应机理图

在选定 GSNO 浓度为 2×10^{-6} mol/L 时，在 $1 \times 10^{-6} \sim 6 \times 10^{-6}$ mol/L 浓度范围内考查了 TMDABODIPY 浓度对体系荧光强度的影响，结果发现，当 TMDABO-DIPY 的浓度在 $4 \times 10^{-6} \sim 6 \times 10^{-6}$ mol/L 时，体系的荧光强度达到最高，因此，选择 5×10^{-6} mol/L 的 TMDABODIPY 为最佳试剂浓度。

Hg^{2+} 浓度对于 RSNO 释放 NO 的效率具有较大的影响，Hg^{2+} 浓度过低，RS-NO 释放 NO 不完全或者速度变慢，而当其浓度过高时，Hg^{2+} 对人体毒害较大，因此选择一个适当的 Hg^{2+} 浓度是比较重要的。在 $2 \times 10^{-5} \sim 1.2 \times 10^{-4}$ mol/L 之间考查了 Hg^{2+} 浓度对荧光强度的影响。当 Hg^{2+} 浓度低于 8×10^{-5} mol/L 时，体系荧光强度较低；当其浓度高于 2×10^{-5} mol/L 时，体系的荧光强度基本保持不变，选择 1×10^{-4} mol/L 为最佳 Hg^{2+} 浓度。

当温度为 10℃时，体系的相对荧光强度比较低；随着温度升高到 30℃时，体系的荧光强度增强；当温度升高到 40℃时，体系的荧光强度降低，选择 30℃ 为最佳反应温度。考查反应时间范围从零到 20min，在 $15 \sim 20$min 的反应时间范围内，体系的相对荧光强度保持恒定，选择 15min 为最佳反应时间。

讨论共存物对测定 GSNO 的干扰, 结果见表 5.10。从表中可以看出, 这些共存离子的允许量大大超过实际生物体中这些离子的含量, 同时也可以看出 NO_2^- 和 NO_3^- 作为 NO 在生物体内主要的代谢产物不会对 GSNO 的测定构成干扰。

表 5.10   共存物对荧光强度的影响

共存离子	允许量/$\mu g \cdot L^{-1}$	共存离子	允许量/$\mu g \cdot L^{-1}$
Ca^{2+}	40000	NO_3^-	100000
Mg^{2+}	30000	NO_2^-	40000
Zn^{2+}	20000	SO_4^{2-}	40000
牛血清白蛋白 (BSA)	24000	CO_3^{2-}	50000
半胱氨酸 (CYS)	21000	EDTA	150000
谷胱甘肽 (GSH)	20000	PO_4^{3-}	100000

GSNO 浓度在 $6 \times 10^{-9} \sim 4 \times 10^{-7}$ mol/L 范围内与相对荧光强度呈线性关系, 线性方程为 $Y = 14.78X + 18.07$ (Y 为相对荧光强度; X 为 GSNO 浓度, 1×10^{-9} mol/L; $R = 0.9995$), 当 GSNO 的浓度为 6×10^{-8} mol/L 时, 相对标准偏差 ($n = 8$) 为 2.31%, 当信噪比为 3 时, 检出限为 0.12nmol/L。

将该方法应用于高血压患者、高血脂患者以及正常人血样中 RSNO 的测定。分析结果见表 5.11。实验结果表明, 高血压以及高血脂患者血样中 RSNO 的含量明显低于正常人, 这和直接测定血液中 NO 的结果相似, 这也表明心血管病患者的血管内皮细胞可能受到损害, NO 合成减少, 相应的 RSNO 也减少。表 5.11 中, 回收率在 97.52% ~ 102.81% 之间, 相对标准偏差在 1.89% ~ 3.12% 之间。该方法回收率令人满意, 具有较好的重现性。

表 5.11   实际样品分析结果

样品	加入量 /mol·L^{-1}	测定值 /mol·L^{-1}	相对标准偏差 ($n = 6$)/%	回收率/%
健康人	0	11.23×10^{-7}	2.42	
	10.00×10^{-7}	20.98×10^{-7}	2.75	97.52
高血压	0	4.24×10^{-7}	1.89	
	4.00×10^{-7}	8.35×10^{-7}	2.10	102.81
高血脂	0	4.28×10^{-7}	2.89	
	4.00×10^{-7}	8.22×10^{-7}	3.12	98.42

5.3.2   基于 TMDCDABODIPY 的亚硝基硫醇荧光检测

RSNO 的测定: 取 2mL 5.0×10^{-6} mol/L 的 TMDCDABODIPY 溶液 (用 PBS 配

制）和 $50\mu L$ $4 \times 10^{-4} mol/L$ GSNO 置于 10mL 的比色管中，混匀后，加入 $HgCl_2$ 溶液，定容至 5mL 的刻度，在室温下反应 15min，用蒸馏水定容至刻度，这时 $HgCl_2$ 终浓度为 $1 \times 10^{-4} mol/L$。选择荧光光度计的激发和发射的狭缝宽度均为 3nm，激发波长为 500nm，发射波长为 510nm，测量其相对荧光强度。

样品准备：血样取出后通气几分钟，然后加到 TMDCDABODIPY 的 PBS 溶液中，再加入 $1 \times 10^{-4} mol/L$ 的 Hg^{2+} 溶液，在 30℃ 下反应 15min 后，在 3000 转下离心 10min 除掉沉淀物，过滤取出上层清液，进行光度法测定。

TMDCDABODIPY 和 RSNO 反应的选择性对于方法的灵敏度具有关键作用。在 0.1mol/L 的磷酸盐缓冲溶液中（pH = 7.4），在 Hg^{2+} 的存在下，$2 \times 10^{-6} mol/L$ 的 TMDCDABODIPY 分别和 $10\mu mol/L$ NO_2^-、NO_3^-、H_2O_2 以及 HO^- 反应 30min 后进行荧光检测，反应体系的荧光强度基本没有改变（见图 5.16 中 A 部分）。而当上述溶液继续加入 $10\mu mol/L$ RSNO（以 GSNO 为代表）反应 15min 后，体系的荧光强度急剧地增加（见图 5.16 中 B 部分）。这说明探针 TMDCDABODIPY 和 RSNO 具有良好的反应选择性，有利于复杂生物体系中 RSNO 的灵敏测定。

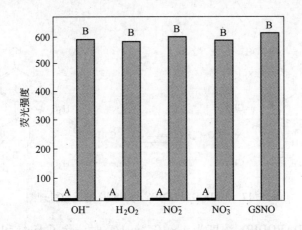

图 5.16　TMDCDABODIPY 和 GSNO 及其他
含氧活性基团反应后的荧光强度变化

TMDCDABODIPY 与 RSNO 的反应机制如图 5.17 所示。RSNO 首先与 Hg^{2+} 反应置换出 NO，NO 再与 O_2 反应生成 N_2O_3 等氮的氧化物，接触到溶液中的 TMD-CDABODIPY 后迅速生成重氮盐，重氮盐再与邻位的氨基反应形成强荧光的三氮唑化合物。

一些二价金属离子能从 RSNO 中置换出 NO。不同的金属离子置换的效率不同。为了获得较好的置换效率，考察了一系列不同的二价金属离子从 RSNO 中置换出 NO 的效率。因为 TMDCDABODIPY 与 RSNO 反应条件相同，且生成物相同，因此这里选择 GSNO 为研究的代表，结果见表 5.12，当 GSNO 浓度为 2×10^{-6}

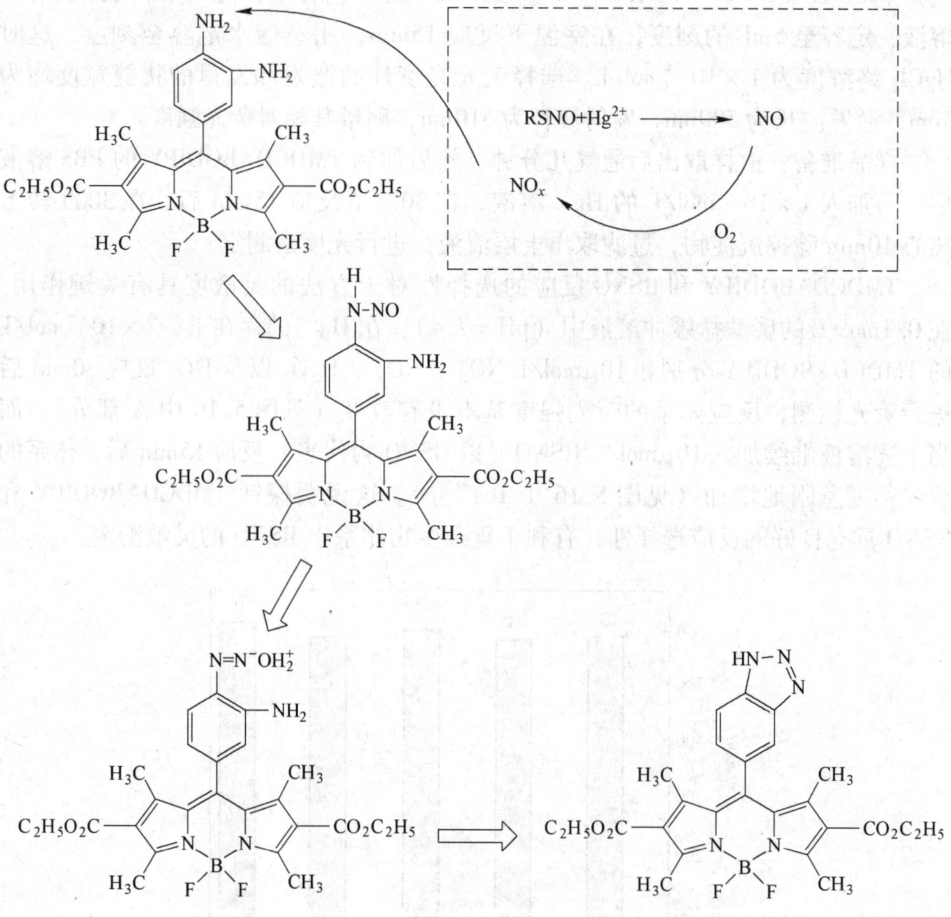

图 5.17 TMDCDABODIPY 与 RSNO 的反应机理图

mol/L 和 TMDCDABODIPY 浓度为 4×10^{-6} mol/L 时，除了 Hg^{2+} 和 Cu^{2+}，其他金属离子都很难置换出 NO，而相对于 Cu^{2+}，Hg^{2+} 的置换效率更高，因此选择 Hg^{2+} 作为 TMDCDABODIPY 与 RSNO 反应的催化剂。

表 5.12 二价金属离子的影响

二价金属离子（0.1mmol/L）	荧光强度	二价金属离子（0.1mmol/L）	荧光强度
Hg(Ⅱ)	586.30	Fe(Ⅲ)	12.10
Cu(Ⅱ)	500.64	Co(Ⅱ)	11.82
Pb(Ⅱ)	12.89	Mn(Ⅱ)	14.76
Zn(Ⅱ)	14.62	Cd(Ⅱ)	18.22
Fe(Ⅱ)	13.21		

在选定 GSNO 浓度为 2×10^{-6} mol/L 时，在 $1 \times 10^{-6} \sim 8 \times 10^{-6}$ mol/L 之间考察了 TMDCDABODIPY 浓度对体系荧光强度的影响，结果发现，当 TMDCDABODIPY 的浓度大于 4×10^{-6} mol/L 时，体系的荧光强度达到最高，继续增加试剂的浓度，荧光强度没有明显变化。因此，选择 4×10^{-6} mol/L 为最佳试剂浓度。

Hg^{2+} 浓度影响衍生反应的效率，Hg^{2+} 浓度过低，RSNO 释放 NO 不完全或者速度过慢，而当其浓度过高时，Hg^{2+} 会对人体造成较大毒害，因此选择一个适当的 Hg^{2+} 浓度是必要的。选定 GSNO 浓度为 2×10^{-6} mol/L，TMDCDABODIPY 的浓度为 4×10^{-6} mol/L，当 Hg^{2+} 浓度高于 8×10^{-5} mol/L 时，体系的荧光强度基本保持不变，因此选择 1×10^{-4} mol/L 为最佳 Hg^{2+} 的浓度。

在上述条件下，考察了反应温度和时间对体系荧光强度的影响。当温度为 $10^{\circ}C$ 时，体系的相对荧光强度比较低，随着温度升高到 $30^{\circ}C$ 时，体系的荧光强度增强，当温度升高到 $40^{\circ}C$ 时，体系的荧光强度降低，因此选择 $30^{\circ}C$ 为最佳反应温度。从 0min 到 20min 考察反应时间对体系荧光强度的影响。在 $15 \sim 20$min 的反应时间范围内，体系的荧光强度达到最大且基本保持不变，选择 15min 为最佳反应时间。

在最佳测定条件下，选定 GSNO 的浓度为 2×10^{-6} mol/L，考察了生物样品中干扰离子对 GSNO 测定的影响，干扰离子的最大允许浓度对体系荧光强度的改变不超过 5%，结果见表 5.13。从表中可以看出，这些共存离子的允许量大大超过实际血样中这些离子的含量，同时也可以看出 NO_2^- 和 NO_3^- 作为 NO 在生物体内主要的代谢产物在实验条件下不会对 GSNO 的测定构成干扰。

表 5.13　共存离子的影响

共存离子	允许量/mg·L^{-1}	共存离子	允许量/mg·L^{-1}
Ca^{2+}	35	NO_3^-	400
Mg^{2+}	300	NO_2^-	600
Zn^{2+}	40	SO_4^{2-}	324
Al^{3+}	38	CO_3^{2-}	169
半胱氨酸（CYS）	21	EDTA	800

在选定的最佳反应条件下，GSNO 浓度在 $8 \times 10^{-9} \sim 8 \times 10^{-7}$ mol/L 范围内与体系荧光强度呈线性关系，线性方程为 $Y = 283.16X + 20.18$（Y 为体系荧光强度；X 为 GSNO 浓度，1×10^{-6} mol/L；相关系数 $R = 0.9990$）。当 GSNO 的浓度为 6×10^{-8} mol/L 时，相对标准偏差（$n = 9$）为 2.42%，当信噪比为 3 时，检出限为 0.6nmol/L。

将建立的分析方法用于高血压、冠心病、高血脂患者以及正常人血样中 RS-NO 的测定。分析结果见表 5.14。实验结果表明，心血管病患者血样中 RSNO 的含量明显低于正常人，这和直接测定血液中的 NO 的结果相似。这样的结果可能是由于心血管病患者的血管内皮细胞受到损害，NO 合成减少，RSNO 也就相应减少。表 5.14 中，样品分析的加标回收率在 97.46% ~ 103.10% 之间，相对标准偏差在 1.65% ~ 2.84% 之间，方法具有较好的重现性。

表 5.14 血样分析结果

样 品	加入量 /mol·L^{-1}	测定值 /mol·L^{-1}	相对标准偏差 ($n = 6$)/%	回收率/%
健康人	0	11.45 × 10^{-7}	1.65	
	5.00 × 10^{-7}	16.39 × 10^{-7}	1.95	98.75
冠心病	0	3.92 × 10^{-7}	1.79	
	5.00 × 10^{-7}	8.79 × 10^{-7}	2.24	97.46
高血压	0	4.32 × 10^{-7}	1.89	
	5.00 × 10^{-7}	9.38 × 10^{-7}	2.50	101.24
高血脂	0	4.40 × 10^{-7}	2.89	
	5.00 × 10^{-7}	9.56 × 10^{-7}	2.84	103.10

2008 年，张华山课题组基于荧光探针 DABODIPY 建立了 RSNO 灵敏测定的荧光光度分析法。DABODIPY 与 RSNO 的反应条件为：在 6 × 10^{-5} mol/L 的 Hg^{2+} 存在下，于 30℃ 反应 15min。检测器的激发波长和发射波长分别为 500nm 和 510nm。方法的线性范围为 2 × 10^{-8} ~ 600 × 10^{-8} mol/L，检出限为 1.2 × 10^{-9} mol/L（S/N = 3）。图 5.18 所示为 DABODIPY 及其与 RSNO 反应产物的光谱图。

2012 年，Wang Lingling 等人基于荧光探针 TMDCDABODIPY，结合 TiO$_2$-石墨

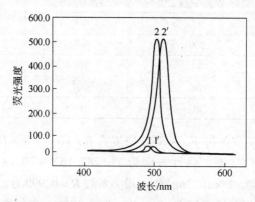

图 5.18 DABODIPY 及其与 RSNO 反应产物的光谱图
（DABODIPY 浓度为 4 × 10^{-6} mol/L，GSNO 浓度为 1.8 × 10^{-6} mol/L）
1—DABODIPY 的激发光谱；1′—DABODIPY 的发射光谱；2—DABODIPY 与
RSNO 反应产物的激发光谱；2′—DABODIPY 与 RSNO 反应产物的发射光谱

烯固相萃取柱建立了 RSNO 灵敏测定的荧光光度分析法。

TiO$_2$-石墨烯的制备方法为：在冰浴条件下，5g 石墨粉缓慢滴加到浓 H$_2$SO$_4$（87.5mL）和浓 HNO$_3$（45mL）的混合溶液中，然后 55g KClO$_3$ 缓慢地加入上述混合物中，在室温下搅拌 80h。所得产物倒入水中并过滤。然后在 80℃ 干燥后即可获得氧化石墨烯。将 10mg 氧化石墨烯加入 30mL 体积比为 1∶2 的乙醇溶液中超声分散 1h。然后，向上述溶液加入 50μL 钛酸异丙酯，继续超声分散 30min。将上述溶液放入恒温箱中，调节温度为 120℃，反应 12h。冷却至室温，然后用真空泵抽滤，并依次用蒸馏水和乙醇充分洗涤，得黑色的 TiO$_2$-石墨烯纳米复合物。图 5.19 所示为石墨烯和 TiO$_2$-石墨烯的扫描电镜图。

图 5.19　石墨烯(a)与 TiO$_2$-石墨烯(b)的扫描电镜图

实验方法为：取 2mL 2×10^{-5}mol/L 的 TMDCDABODIPY 溶液放置于 10mL 的比色管中，加入 1×10^{-3}mol/L Hg^{2+}、0.05mL 5×10^{-4}mol/L 的 GSNO 溶液和 2mL 的磷酸盐缓冲溶液，稀释至 10mL，混匀后在 30℃ 下反应 15min。其反应机理图如图 5.20 所示。1mL 容积的商品萃取柱取出填充的 C$_{18}$硅胶后填入 20mg 的 TiO$_2$-石墨烯。为了去除污染，使用前填充柱分别用 5mL 的甲醇和 5mL 的水清洗。然后 10mL 的样品溶液用萃取柱萃取。随后用 1mL 甲醇冲洗。选择激发和发射的狭缝宽度均为 3nm，检测器的激发波长为 500nm，发射波长为 510nm，测量洗出液的荧光强度。

如图 5.21 所示，考察了包括甲醇、乙腈、二氯甲烷和正己烷等不同溶剂的洗脱效率。相同浓度的衍生产物经萃取柱萃取后，分别用这四种溶剂进行洗脱，测定洗脱液的荧光强度。结果甲醇的洗脱效率最高。因此选择甲醇为萃取柱的洗脱液。考察了甲醇用量对洗脱液荧光强度的影响。结果用 1mL 的甲醇进行洗脱可获得最高的荧光强度。当甲醇的量低于或高于 1mL 时，洗脱液的荧光强度降低。

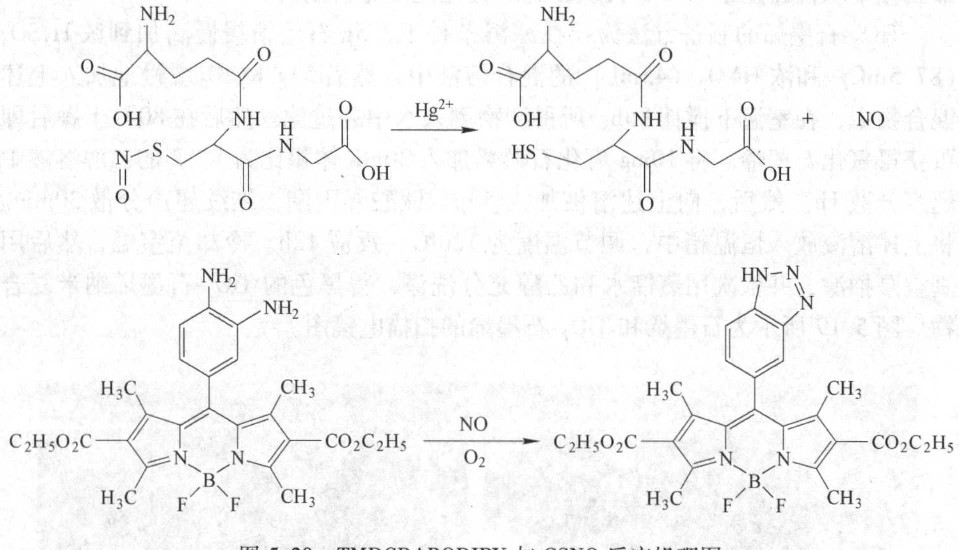

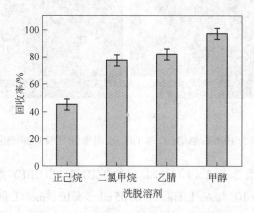

图 5.20 TMDCDABODIPY 与 GSNO 反应机理图

图 5.21 不同萃取溶剂对萃取效率的影响

在优化条件下，所建立的方法的线性范围为 $0.5 \times 10^{-9} \sim 100 \times 10^{-9}$ mol/L，检出限为 0.08×10^{-9} mol/L（S/N = 3）。而不经过固相萃取直接测定的方法的线性范围为 $10 \times 10^{-9} \sim 120 \times 10^{-9}$ mol/L，检出限为 1×10^{-9} mol/L。显然，结合了萃取方法后，检出限下降为 1/12.5。该方法应用于血样分析，回收率为 92% ~ 104%。

5.3.3 其他方法

2000 年，Laura Gray 等人利用二氨基萘（DAN）测定了老鼠血样中的 S-亚硝基硫醇。其实验结果表明，用内毒素 LPS 处理过的老鼠血液中 S-亚硝基白蛋白的含量提高了 3.4 倍，而 S-亚硝基血红蛋白的含量提高了 25 倍。其他的小分子的 S-亚硝基硫醇（比如 S-亚硝基半胱氨酸和 S-亚硝基谷胱甘肽）的含量则没有显著变化。

1995 年，John A. Cook 等人建立了比色法和荧光光度法测定 S-亚硝基硫醇的方法。在比色法中，S-亚硝基硫醇和含有对氨基苯磺酰胺/N-(1-萘基)-乙二胺二氢氯化物（ABTs）的溶液反应，当溶液中只有 S-亚硝基半胱氨酸、S-亚硝基谷胱甘肽或者 S-亚硝基乙酰青霉胺时，在 400 ~ 800nm 的范围内吸光度没有发生改变。而当加入氯化汞或醋酸铜时，由于有 NO 从 S-亚硝基硫醇中释放出来，与氧气发生反应生成氧化物，与上述溶液发生反应（见图 5.22），导致溶液在 400 ~ 800nm 的范围内吸光度发生显著改变（见图 5.23），据此建立了亚硝基硫醇检测

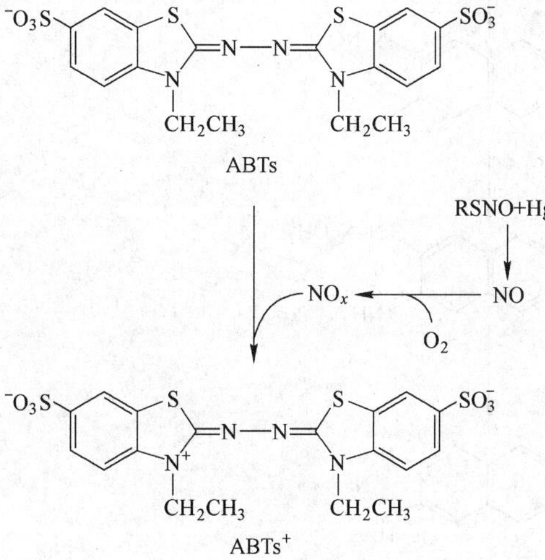

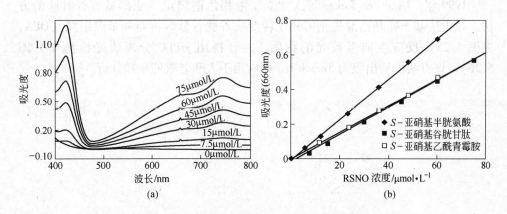

图 5.22 ABTs 与 RSNO 反应机理图

图 5.23 吸光度与波长、RSNO 浓度的关系

（a）不同 RSNO 浓度时吸光度与波长的关系（ABTs 浓度为 10mmol/L，氯化汞的浓度为 100μmol/L）；（b）600nm 时吸光度与 RSNO 浓度的关系

的方法，方法的灵敏度为 5μmol/L。在荧光光度法中，应用 2,3-二氨基萘为荧光探针，与 RSNO 反应机理图如图 5.24 所示。该方法的灵敏度为 50nmol/L。该方法还可以应用于 S-亚硝基蛋白的测定。

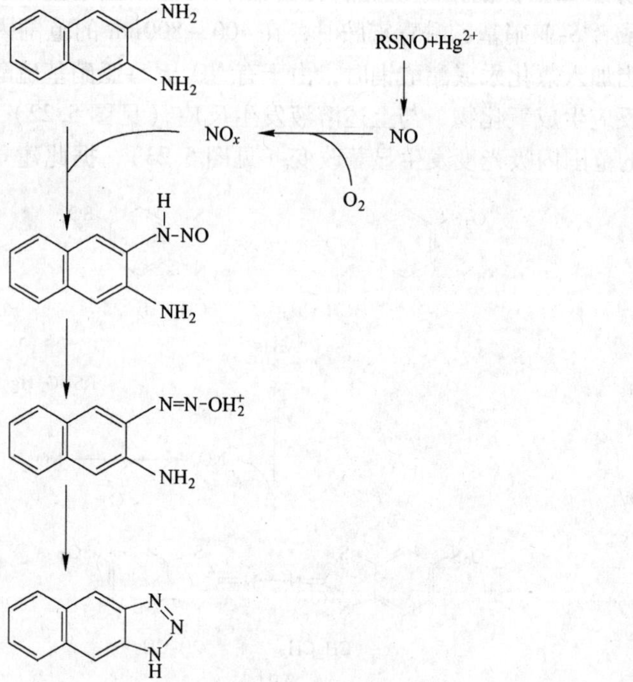

图 5.24　DAN 与 RSNO 反应机理图

1999 年，Dimitrios Tsikas 等人建立了液相色谱测定 S-亚硝基谷胱甘肽的方法。该方法基于巯基乙醇先把 GSNO 转变成谷胱甘肽，再与邻苯二甲醛（OPA，见图 5.25）反应生成强荧光的物质，混合物用 HPLC 分离荧光检测（见图 5.26）。该方法的检出限为 3nmol/L，可应用于人和老鼠的血样分析。

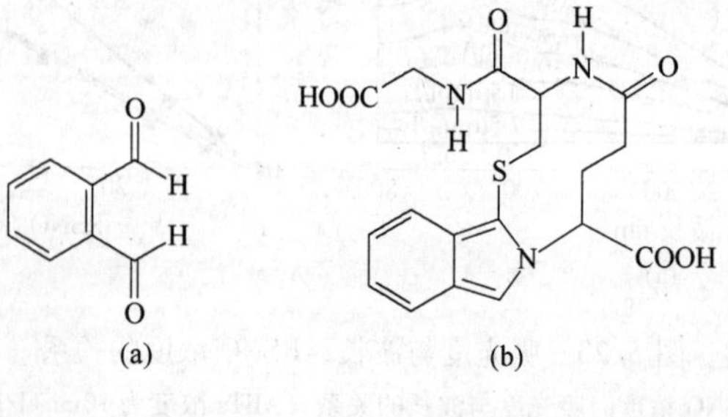

图 5.25　OPA(a)及其与 GSH 反应的衍生物(b)

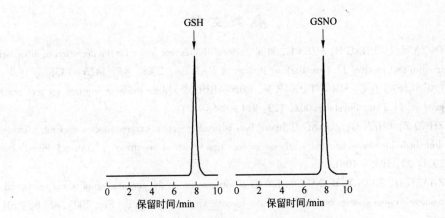

图 5.26 OPA 与 GSH 和 GSNO 反应产物的色谱图

(醋酸铵溶液为流动相，流速为 1mL/min，GSH 和 GSNO 的浓度均为 5μmol/L，
检测器的激发波长和发射波长分别为 338nm 和 458nm)

参 考 文 献

[1] OUYANG J, HONG H, SHEN C, et al. A novel fluorescent probe for the detection of nitric oxide in vitro and in vivo[J]. Free Radical Biology & Medicine, 2008, 45: 1426~1436.

[2] PAGNUSSAT G C, SIMONTACCHI M, PUNTARULO S. Nitric oxide is required for root organogenesis[J]. Plant Physiol, 2002, 129: 954~956.

[3] ZHAO Z, CHEN G, ZHANG C. Interaction between reactive oxygen species and nitric oxide in drought-induced abscisicacid synthesis in root tips of wheat seedlings[J]. Aust J. PlantPhysiol, 2001, 28: 1055~1061.

[4] ZHANG H, SHEN W B, XU L L. Effects of nitric oxide on the germination of wheat seeds and its reactive oxygen species metabolisms under osmotic stress[J]. Acta Bot Sin, 2003, 45(8): 901~905.

[5] 王镇浦, 吴宏, 陈国松. 水中痕量亚硝酸盐氮的反相流动注射-光度测定[J]. 中国环境科学, 1999, 19: 469~471.

[6] 马泓冰, 刘瑞雪, 李俊祥, 肖伟. 流动注射光度法同时测定血清中 NO_3^- 和 NO_2^-[J]. 理化检验: 化学分册, 1999, 35: 72, 73.

[7] SCHROR K, FORSTER S, WODITSCH I. On-line measurement of nitric oxide release from organic nitrates in the intact coronary circulation[J]. Naunyn-Schmiedeberg's Arch. Pharmacol., 1991, 344: 240~246.

[8] 杨喜民, 李拴德, 杨术真, 等. 荧光分光光度法测定血清亚硝酸盐与硝酸盐[J]. 临床检验杂志, 1997, 15(6): 339.

[9] GIRGIS R, QURESHI M, ABRAMS J, SWERDLOW P. Decreased exhaled nitric oxide in sickle cell disease: relationship with chronic lung involvement[J]. Am. J. Hematol., 2003, 72: 177~184.

[10] KIKUCHI K, NAGANO J S, HAYAKAWA H, et al. Real-time measurement of nitric oxide produced ex vivo by luminol-H_2O_2 chemiluminescence method[J]. Anal. Chem., 1993, 65: 1794~1799.

[11] EVMIRIDIS N P, YAO D. On line detection of nitric oxide generated by the enzymatic action of nitric oxide synthase on L-arginie using a flow injection manifould and chemiluminescence detection[J]. Analytica Chimica Acta, 2000, 410(1): 167~175.

[12] HAN T, HYDUKE D, VAUGHN M, et al. Nitric oxide reaction with red blood cells and hemoglobin under heterogeneous conditions[J]. Proc. Natl. Acad. Sci. USA, 2002, 99: 7763~7768.

[13] GIBSON J F. Unpaired electron in nitrosobis (dimethyldithiocarbamato) iron(Ⅱ)[J]. Nature, 1962, 196: 64.

[14] HENRY Y, GUISSANI A. Contribution of spin-trapping EPR techniques for the measurement of NO production in biological systems[J]. Analusis, 2000, 28: 445~454.

[15] SUZUKI Y, FUJII S, NUMAGAMI Y, et al. In vivo nitric oxide detection in the septic rat brain by electron paramagnetic resonance[J]. Free Radical Res., 1998, 28: 293~299.

[16] EBERHARD S, NIKOLAUS T, RUTH R, et al. Functional and biochemical analysis of endothe-

lial (dys) function and NO/cGMP signaling in human blood vessels with and without nitroglycerin pretreatment[J]. Circulation, 2002, 105: 1170~1175.

[17] ZHANG Y, HOGG N. Mixing artifacts from the bolus addition of nitric oxide to oxymyoglobin: implications for S-nitrosothiol formation[J]. Free Radic. Biol. Med., 2002, 32: 1212~1219.

[18] BOBKO A A, BARGYANSHAYA E G, REZNIKOV V A, et al. Redox-sensitive mechanism of no scavenging by nitronyl nitroxides[J]. Free Radical Bio. Med., 2004, 36: 248~258

[19] BAKKER E, TELTING-DIAZ M. Electrochemical sensors [J]. Anal. Chem., 2002, 74: 2781~2800.

[20] KIM K, CHUNG H T, OH G S, et al. Integrated gold-disk microelectrode modified with iron (Ⅱ)-phthalocyanine for nitric oxide detection in macrophages[J]. Microchem. J., 2005, 80: 219~226.

[21] YANG Q, ZHANG X L, BAO X H, et al. Single cell determination of nitric oxide release using capillary electrophoresis with laser-induced fluorescence detection. Journal of Chromatography A, 2008, 1201: 120~127.

[22] ZHANG Z G, CHOPP M, BAILEY F, MALINSKI T. Nitric oxide changes in the rat brain after transient middle cerebral artery occlusion[J]. J. Neur. Sci., 1995, 128: 22~27.

[23] ONI J, DIAB N, RADTKE I, SCHUHMANN W. Detection of NO release from endothelial cells using Pt microelectrodes modified with a pyrrole-functionalised Mn(Ⅱ) porphyrin[J]. Electrochim. Acta, 2003, 48: 3349~3354.

[24] JIN J, MIWA T, MAO L, et al. Determination of nitric oxide with ultramicrosensors based on electropolymerized films of metal tetraaminophthalocyanines [J]. Talanta, 1999, 48: 1005~1011.

[25] 何星存, 邓锐, 李平, 莫金垣. 一氧化氮在Nafion-钴席夫碱膜修饰电极上的电催化氧化及其测定[J]. 分析测试学报, 2000, 2: 35~38.

[26] FAN C, PENG J T, SHEN P, et al. Nitric oxide biosensors based on Hb/phosphatidylcholine films[J]. Anal. Sci., 2002, 18: 129~132.

[27] 朱民, 刘敏, 施国跃, 等. Nafion/Au溶胶自组装微铂传感器的研究及其在心肌细胞中NO水平测定中的应用[J]. 高等学校化学学报, 2003, 2: 62~65.

[28] XIAN Y, ZHANG W, XUE J, et al. Measurement of nitric oxide released in the rat heart with an amperometric microsensor[J]. Analyst, 2000, 125: 1435~1439.

[29] ZHANG P, ZHA C C, WEI X W. Electrocatalytic oxidation of nitric oxide on an electrode modified with fullerene films[J]. Microchim Acta, 2005, 149: 223~228.

[30] BHUIYAN M B A, FANT M E, DASGUPTA A. Study on mechanism of action of Chinese medicine Chan Su: dose-dependent biphasic production of nitric oxide in trophoblastic BeWo cells [J]. Clinica Chimica Acta, 2003, 330: 179~184.

[31] WOITZIK J, ABROMEIT N, SCHAEFER F. Measurement of nitric oxide metabolites in brain microdialysates by a sensitive fluorometric high-performance liquid chromatography assay[J]. Anal. Biochem., 2001, 289: 10~17.

[32] 田亚平, 沈文梅. 生物化学与生物物理进展[J]. 1999, 26: 273.

[33] PENELOP J A, MANFIED A, IVAN J D, et al. Intensity-independent fluorometric detection of cellular nitric oxide release[J]. FEBS. Letters, 1997, 408: 319～323.

[34] LI H, MEININGER C J, WU G. Rapid determination of nitrite by reversed-phase high-performance liquid chromatography with fluorescence detection[J]. J. Chromotogr. B. , 2000, 746: 199～207.

[35] KOJIMA H, SAKURAI K, KIKUCHI K, et al. Development of a fluorescent indicator for the bioimaging of nitric oxide[J]. Bio. Phar. Bull. , 1997, 20: 1229～1232.

[36] KOJIMA H, NAKAYSUBO N, KAWAHARA S, et al. Detection and imaging of nitric oxide with novel fluorescent indicators: diaminofluoresceins[J]. Anal. Chem. , 1998, 70: 2446～2453.

[37] PEDROSO M C, MAGALHAES J R, DURZAN D. A nitric oxide burst precedes apoptosis in angiosperm and gymnosperm callus cells and foliar tissues [J]. J. Exp. Bot. , 2000, 51: 1027～1036.

[38] LEIKERT J F, RATHEL T R, MULLER C, et al. Reliable in vitro measurement of nitric oxide released from endothelial cells using low concentrations of the fluorescent probe 4,5-diaminofluorescein[J]. FEBS Lett. , 2001, 506: 131～134.

[39] KOJIMA H, NAKAYSUBO N, KAWAHARA S, et al. Bioimaging of nitric oxide with fluorescence indicators based on the rhodamine chromophore [J]. Anal. Chem. , 2001, 73: 1967～1973.

[40] FRANZ K J, SINGH N, SPLINGER B, LIPPARD S. Crystal and molecular structure of an eight-coodinate N-methyltetraphenylporphyrin complex: diacetato-(N- methyl-meso-tetraphenylporphyrinato)thallium(Ⅲ)[J]. Inorg. Chem. , 2000, 39: 2120～2126.

[41] ZHANG X, WANG H, LI J S, ZHANG H S. Development of a fluorescent probe for nitric oxide detection based on difluoroboradiaza-s-indancene fluorophore[J]. Anal. Chim. Acta, 2003, 481: 101～108.

[42] ZHANG X, CHI R A, ZOU J, ZHANG H S. Development of a novel fluorescent probe for nitric oxide detection: 8-(3',4'-diaminophenyl)-difluoroboradiaza-S - indacence[J]. Spectrochim. , 2004, 60: 3129～3134.

[43] ZHANG X, ZHANG H S. Design, synthesis and characterization of a novel fluorescent probe for nitric oxide based on difluoroboradiaza-S-indacene fluorophore[J]. Spectrochim. , 2005, 61: 1045～1049.

[44] ZHANG X, WANG H, LIANG S C, ZHANG H S. Spectrofluorimetric determination of nitric oxide at trace levels with 5,6-diamino-1,3-naphthalene disulfonic acid[J]. Talanta, 2002, 56: 499～504.

[45] SASAKI E, KOJIMA H, NISHIMATSU H, et al. Highly sensitive near-infrared fluorescent probes for nitric oxide and their application to isolated organs[J]. J. Am. Chem. Soc. , 2005, 127: 3684～3685.

[46] PLATER M J, GREIG I, HELFRICH M H, RALSTON S H. The synthesis and evaluation of o-phenylenediamine derivatives as fluorescent probes for nitric oxide detection[J]. J. Chem. Soc. Perkin. Trans. , 2001, 1: 2553～2559.

[47] KATAYAMA Y, TAKAHASHI S, MAEDA M. Design, synthesis and characterization of a novel fluorescent probe for nitric oxide (nitrogen monoxide) [J]. Anal. Chim. Acta, 1998, 365: 159～167.

[48] SOH N, KATAYAMA Y, MAEDA M. A fluorescent probe for monitoring nitric oxide production using a novel detection concept[J]. Analyst, 2001, 126: 564～566.

[49] GUNASEKAR P G, KANTHASAMY A G, BOROWITZ J L, ISOM G E. Monitoring intracellular nitric oxide formation by dichlorofluorescin in neuronal cells[J]. J. Neurosci. Methods, 1995, 61: 15～21.

[50] IMRICH A, KOBZIK L. Fluorescence-based measurement of nitric oxide synthase activity in activated rat macrophages using dichlorofluorescin [J]. Nitric Oxide: Biol. Chem. , 1997, 1: 359～369.

[51] GABRIEL C, CAMINS A, SUREDA F X, et al. Determination of nitric oxide generation in mammalian neurons using dichlorofluorescin diacetate and flow cytometry [J]. J. Camarasa, J. Pharm. Toxi. Methods, 1997, 38: 93～98.

[52] HETRICK E M, SCHOENFISCH M H. Analytical chemistry of nitric oxide[J]. Annu. Rev. Anal. Chem. , 2009, 2: 409～433.

[53] KIECHLE F L, MALINSKI T. Indirect detection of nitric oxide effects: a review[J]. Ann. Clin. Lab. Sci. , 1996, 26: 501～511.

[54] DISCIGIL B, PEARSON P J, CHUA Y J. Novel technique to bioassay endocardium-derived nitric oxide from the beating heart[J]. Ann. Throac. Surg, 1995, 50: 1182～1186.

[55] MELANSON J E, LUCY C A. Ultra-rapid analysis of nitrate and nitrite by capillary electrophoresis[J]. J. Chromatogr. A. , 2000, 884: 311～316.

[56] MIYADO T, TANAKA Y, NAGAI H, et al. High-throughput nitric oxide assay in biological fluids using microchip capillary electrophoresis[J]. J. Chromatogr. A, 2006, 1109: 174～178.

[57] MOROZ L L, DAHLGREN R L, BOUDKO D, et al. Direct single cell determination of nitric oxide synthase related metabolites in identified nitrergic neurons[J]. J. Inorganic Biochem. , 2005, 99: 929～939.

[58] HIRANO T, HIROMOTO K, KAGECHIKA H. Development of a library of 6-arylcoumarins as candidate fluorescent sensors[J]. Org. Lett. , 2007, 9: 1315～1318.

[59] LIM M H. Preparation of a copper-based fluorescent probe for nitric oxide and its use in mammalian cultured cells[J]. Nature Protocols, 2007, 2: 408～415.

[60] LIM M H, LIPPARD S J. Metal-based turn-on fluorescent probes for sensing nitric oxide[J]. Acc. Chem. Res. , 2007, 40: 41～51.

[61] 张灯青, 赵圣印, 刘海雄. 一氧化氮荧光分子探针[J]. 化学进展, 2008, 20(9): 1396～1405.

[62] HUANG K J, WANG H, MA M, et al. Ultrasound-assisted liquid-phase microextraction and high-performance liquid chromatographic determination of nitric oxide produced in PC12 cells using 1,3,5,7-tetramethyl-2,6-dicarbethoxy-8-(3',4'-diaminophenyl)-difluoroboradiaza-s-indacene[J]. Journal of Chromatography A, 2006, 1103: 193～201.

[63] HUANG K J, WANG H, GUO Y H, et al. Spectrofluorimetric determination of trace nitrite in food products with a new fluorescent probe 1,3,5,7-tetramethyl-2,6-dicarbethoxy-8-(3',4'-diaminophenyl)-difluoroboradiaza-s-indacene[J]. Talanta, 2006, 69: 73~78.

[64] HUANG K J, WANG H, ZHANG Q Y, et al. Direct detection of nitric oxide in human blood serum using 1,3,5,7-tetramethyl-8-(3', 4'-diaminophenyl)-difluoroboradiaza-s-indacene with HPLC[J]. Analytical and Bioanalytical Chemistry, 2006, 384: 1284~1290.

[65] HUANG K J, WANG H, MA M, et al. Real-time imaging of nitric oxide production in living cells with 1,3,5,7-tetramethyl-2, 6-dicarbethoxy-8-(3', 4'-diaminophenyl)-difluoroboradiazas-indacence by invert fluorescence microscope[J]. Nitric Oxide: Biology and Chemistry, 2007, 16: 36~43.

[66] HUANG K J, ZHANG M, ZHANG H S, et al. Sensitive determination of ultra-trace nitric oxide in blood using derivatization-polymer monolith microextraction coupled with reversed-phase high-performance liquid chromatography[J]. Analytica Chimica Acta, 2007, 591: 116~122.

[67] HUANG K J, ZHANG M, XIE W Z, et al. Determination of nitric oxide in hydrophytes using poly (methacrylic acid-ethylene glycol dimethacrylate) monolith microextraction coupled to high-performance liquid chromatography with fluorescence detection[J]. Journal of Chromatography B, 2007, 854: 135~142.

[68] HUANG K J, XIE W Z, WANG H, ZHANG H S. Sensitive determination of S-nitrosothiols in human blood by spectrofluorimetry using a fluorescent probe: 1,3,5,7-tetramethyl-8-(3',4'-diaminophenyl)-difluoroboradiaza-s-indacene[J]. Talanta, 2007, 73: 62~67.

[69] HUANG K J, WANG H, XIE W Z, ZHANG H S. Investigation of the effect of tanshinone Ⅱ A on nitric oxide production in human vascular endothelial cells by fluorescence imaging[J]. Spectrochimica Acta Part A, 2007, 68: 1180~1186.

[70] 许春萱, 黄克靖, 谢宛珍. 荧光探针8-(3',4'-二氨基苯)-二氟化硼-二吡咯甲烷用于光度法灵敏测定食品中亚硝酸根和硝酸根[J]. 化学学报, 2009, 67: 1075~1080.

[71] 许春萱, 黄克靖, 牛德军, 谢宛珍. 1,3,5,7-四甲基-2,6-二乙酯基-8-(3',4'-二氨苯基)-二氟化硼-二吡咯甲烷荧光光度法灵敏测定血液中亚硝基硫醇[J]. 化学通报, 2009, 10: 901~906.

[72] 黄克靖, 孙俊永, 吴莹莹. 荧光光度法结合固相萃取测定亚硝酸盐[J]. 信阳师范学院学报: 自然科学版, 2012, 25: 99~102.

[73] XU H, LI X, JIANG H, ZHOU Q. Effect of host-guest interactions on the photophysical, properties of a monocrown ether substituted phthalocyanine[J]. Materials Science and Engineering, 1999, 10(1-2): 71~74.

[74] QIAN X, ZHU Z, CHEN K. The synthesis, application and prediction of stocks shift in fluorescent dyes derived from 1, 8-naphthalic anhydride[J]. Dyes Pigm., 1989, 11: 13~20.

[75] TANAKA K, MIURA T, UIMEZAWA N, et al. Rational design of fluorescein-based fluorescence probes. Mechanism-based design of maximum fluorescence probe for singlet oxygen[J]. J. Am. Chem. Soc., 2001, 123: 2530~2536.

[76] COSNARD F, WINTGENS V. A new fluoroionophore derived from 4-amino-N-methyl-1,8-naph-

thalimide[J]. Tetrahedron Lett. , 1998, 39: 2751~2754.

[77] DIWU Z, CHEN C, ZHANG C, et al. A novel acidotropic pH indicator and its potential application in labeling acidic organelles of live cell[J]. Chem Biol. , 1999, 6(7): 411~418.

[78] KOLIMANNSBERGER M, RURACK K, RESCH-GENGER U, et al. Ultrafast charge transfer in amin o-substituted boron dipyrromethene dyes and its inhibition by cation complexation: a new design concept for highly sensitive fluorescent probes [J]. J. Phys. Chem. A. , 1998, 102: 10211~10220.

[79] NAG A, CHARKRABARTY T, BHATTACHARYYA K. Effect of cyclodextrin on the intramolecular charge transfer processes in aminocoumarin laser dyes [J]. J. Phys. Chem. , 1990, 94: 4203~4206.

[80] SARKAR N, DAS K, NATH D N, BHATTACHARYYA K. Twisted charge transfer process of nile red in homogeneous solution and in faufasite zeolite[J]. Langmuir. , 1994, 10: 326~329.

[81] STRIJDOM H, MULLER C, LOCHNER A. Direct intracellular nitric oxide detection in isolated adult cardiomyocytes: flow cytometric analysis using the fluorescent probe, diaminofluorescein [J]. J. Mol. Cell. Cardiol. , 2004, 37: 897~902.

[82] KOHN A B, LEA J M, MOROZ L L, GREENBERG R M. Schistosoma mansoni: use of a fuorescent indicator to detect nitric oxide and related species in living parasites[J]. Experimental Parasitology, 2006, 113: 130~133.

[83] LEPILLER S, LAURENS V, BOUCHOT A, et al. Imaging of nitric oxide in a living vertebrate using a diaminofluorescein probe[J]. Free Radical Bio. Med. , 2007, 43: 619~627.

[84] WARDMAN P. Fluorescent and luminescent probes for measurement of oxidative and nitrosative species in cells and tissues: progress, pitfalls, and prospects [J]. Free Radical Bio. Med. , 2007, 43: 995~1022.

[85] YE X Y, RUBAKHIN S S, SWEEDLER J V. Simultaneous nitric oxide and dehydroascorbic acid imaging by combining diaminofluoresceins and diaminorhodamines [J]. J. Neurosci. Methods, 2008, 168: 373~382.

[86] PEDROSO M C, MAGALHAES J R, DURZAN D. Nitric oxide induces cell death in Taxus cells [J]. Plant Sci. , 2000, 157: 173~180.

[87] MILLER E W, CHANG C J. Fluorescent probes for nitric oxide and hydrogen peroxide in cell signaling[J]. Curr. Opin. Chem. Bio. , 2007, 11: 620~625.

[88] OUYANG J, HONG H, ZHAO Y, et al. Bioimaging nitric oxide in activated macrophages in vitro and hepatic inflammation in vivo based on a copper-naphthoimidazol coordination compound [J]. Nitric Oxide, 2008, 19: 42~49.

[89] 高甲友, 盛永章. 催化荧光法测定痕量亚硝酸根和硝酸根[J]. 理化检验: 化学分册, 1994, 30: 159~162.

[90] 张贵珠, 张海清, 何锡文, 等. 荧光动力学光度法同时测定硝酸根及亚硝酸根的研究 [J]. 分析化学, 1994, 22: 1006~1009.

[91] 王克太, 陈光国, 胡之德. 催化动力学流动注射荧光光度法测定微量亚硝酸根[J]. 分析试验室, 1997, 16: 26~28.

[92] 高甲友. 丫啶红荧光猝灭法测定痕量亚硝酸根[J]. 理化检验: 化学分册, 2004, 40: 20, 21.

[93] 周运友, 余世科, 卢琴, 等. N-(1-萘基)-乙二胺荧光光度法测定痕量亚硝酸根[J]. 光谱学与光谱分析, 2005, 25: 1318~1321.

[94] 徐远金, 李海云, 姚志雄, 等. 水中亚硝酸根的表面活性剂增敏催化动力学流动注射荧光法测定[J]. 分析测试学报, 2003, 22: 32~34.

[95] 林德娟, 李隆弟. 环糊精增敏 4-羟基香豆素荧光法测定痕量亚硝酸盐[J]. 分析化学, 1995, 23: 512~516.

[96] 苑宝玲, 林清赞. 荧光猝灭反应测定痕量亚硝酸根[J]. 分析化学, 2000, 28: 692~695.

[97] 符连社, 任慧娟, 谢新亮, 等. 催化荧光法测定痕量亚硝酸根[J]. 环境化学, 1996, 15: 371~373.

[98] 朱展才, 许文伟, 汪静. 氧化还原荧光法测定痕量亚硝酸根[J]. 分析化学, 2001, 29: 941~943.

[99] JIAO C X, NIU C G, HUAN S Y, et al. A reversible chemosensor for nitrite based on the fluorescence quenching of a carbazole derivative[J]. Talanta, 2004, 64: 637~643.

[100] FERNANDEZ-ARGUELLES M T, CANABATE B, COSTA-FERNANDEZ J M, et al. Flow injection determination of nitrite by fluorescence quenching[J]. Talanta, 2004, 62: 991~995.

[101] ZHANG X, WANG H, FU N N, ZHANG H S. A fluorescence quenching method for the determination of nitrite with rhodamine 110[J]. Spectrochimica Acta Part A, 2003, 59: 1667~1672.

[102] PLUTH M D, MCQUADE L E, LIPPARD S J. Cell-trappable fluorescent probes for nitric oxide visualization in living cells[J]. Organic Lett., 2010, 12: 2318~2321.

[103] OUYANG J, HONG H, SHEN C, et al. A novel fluorescent probe for the detection of nitric oxide in vitro and in vivo[J]. Free Radical Bio. Med., 2008, 45: 1426~1436.

[104] HUA X Y, ZHANG X L, SONG H L, et al. A novel copper(Ⅱ) complex-based fluorescence probe for nitric oxide detecting and imaging[J]. Tetrahedron, 2012, 68: 8371~8375.

[105] LACZA Z, HORVÁTH E M, PANKOTAI E, et al. The novel red-fluorescent probe DAR-4M measures reactive nitrogen species rather than NO[J]. J. Pharmacol. Toxicol. Methods, 2005, 52: 335~340.

[106] TAN L J, WAN A J, LI H L, et al. Biocompatible quantum dotsechitosan nanocomposites for fluorescence detection of nitric oxide[J]. Mater. Chem. Phys., 2012, 134: 562~566.

[107] GALINDO F, KABIR N, GAVRILOVICB J, RUSSELL D A. Spectroscopic studies of 1, 2-diaminoanthraquinone (DAQ) as a fluorescent probe for the imaging of nitric oxide in living cells[J]. Photochem. Photobiol. Sci., 2008, 7: 126~130.

[108] HU J X, YIN L L, XU K H, et al. Vicinal diaminobenzoacridine used as the fluorescent probe for trace nitric oxide determination by flow injection spectrofluorimetry and macrophage cells imaging[J]. Anal. Chim. Acta, 2008, 606: 57~62.

[109] CASEY K G, QUITEVIS E L. Effect of solvent polarity on nonradiative processes in xanthene dyes: rhodamine B in normal alcohols[J]. J. Phys. Chem., 1988, 92: 6590~6594.

[110] FABBRIZZI L, LICCHELLI M, PALLAVICINI P, et al. Sensing of transition metals through fluorescence quenching or enhancement[J]. Analyst, 1996, 121: 1763~1768.

[111] PLATER M J, GREIG I, HELFRICH M H, RALSTON S H. The synthesis and evaluation of o-phenylenediamine derivatives as fluorescent probes for nitric oxide detection[J]. J. Chem. Soc. Perkin Trans. , 2001, 1: 2553~2559.

[112] HIRANO T, HIROMOTO K, KAGECHIKA H. Development of a library of 6-arylcoumarins as candidate fluorescent sensors[J]. Org. Lett. , 2007, 9: 1315~1318.

[113] SMITH R C, TENNYSON A G, LIM M H, LIPPARD S J. Conjugated polymer-based fluorescence turn-on sensor for nitric oxide[J]. Org. Lett. , 2005, 7: 3573~3575.

[114] FRANZ K J, SINGH N, SPINGLER B, LIPPARD S J. Aminotroponiminates as ligands for potential metal-based NO sensors[J]. Inorg. Chem. , 2000, 39: 4081~4092.

[115] HILDERBRAND S A, LIPPARD S J. Nitric oxide reactivity of fluorophore coordinated carboxylate-bridged diiron(Ⅱ) and dicobalt(Ⅱ) complexes[J]. Inorg. Chem. , 2004, 43: 5294~5301.

[116] LIM M H, XU D, LIPPARD S J. Visualization of nitric oxide in living cells by a copper-based fluorescent probe[J]. Nat. Chem. Biol. , 2006, 2: 375~380.

[117] FRANZ K J, SINGH N, LIPPARD S J. Metal-based NO sensing by selective ligand dissociation [J]. Angew. Chem. Int. Ed. , 2000, 39: 2120~2122.

[118] HILDERBRAND S A, LIPPARD S J. Cobalt chemistry with mixed aminotroponiminate salicylaldiminate ligands: synthesis, characterization, and nitric oxide reactivity[J]. Inorg. Chem. , 2004, 43: 4674~4682.

[119] SOH N, IMATO T, KAWAMURA K, et al. Ratiometric direct detection of nitric oxide based on a novel signal-switching mechanism[J]. Chem. Commun. , 2002, 22: 2650~2651.

[120] TSUGE K, DEROSA F, LIM M D, FORD P C. Intramolecular reductive nitrosylation: reaction of nitric oxide and a copper(Ⅱ) complex of a cyclam derivative with pendant luminescent chromophores[J]. J. Am. Chem. Soc. , 2004, 126: 6564, 6565.

[121] LIM M H, WONG B A, PITCOCK W H J, et al. Direct nitric oxide detection in aqueous solution by copper (Ⅱ) fluorescein complexes[J]. J. Am. Chem. Soc. , 2006, 128: 14364~14373.

[122] KOIDE Y, KAWAGUCHI M, URANO Y, et al. A reversible near-infrared fluorescence probe for reactive oxygen species based on Te-rhodamine[J]. Chem. Commun. , 2012, 48: 3091~3093.

[123] SPIELMANN H P, WEMMER D E, JACOBSEN J P. Solution structure of a DNA complex with the fluorescent bis-intercalator TOTO determined by NMR spectroscopy[J]. Biochemistry, 1995, 34: 8542~8553.

[124] FLANAGAN J H Jr, OWENS C V, ROMERO S E, et al. Near-infrared heavy-atom-modified fluorescent dyes for base-calling in DNA-sequencing applications using temporal discrimination [J]. Anal. Chem. , 1998, 70: 2676~2684.

[125] SEIFERT J L, CONNOR R E, KUSHON S A, et al. Spontaneous assembly of helical cyanine

dye aggregates on DNA nanotemplates[J]. J. Am. Chem. Soc. , 1999, 121: 2987~2995.

[126] CHEN F T, TUSAK A, PENTONEY S Jr, et al. Semiconductor laser-induced fluorescence detection in capillary electrophoresis using a cyanine dye[J]. J. Chromatogr. A, 1993, 652: 355~360.

[127] JILKINA O, KONG H J, HWI L, et al. Interaction of a mitochondrial membrane potential-sensitive dye, rhodamine 800, with rat mitochondria, cells, and perfused hearts[J]. J. Biomed. Opt. , 2006, 11: 014009/1~014009/9.

[128] HORNEFFER V, FORSMANN A, STRUPAT K, et al. Localization of analyte molecules in MALDI preparations by confocal laser scanning microscopy [J]. Anal. Chem. , 2001, 73: 1016~1022.

[129] WIEMANN S, STEGEMANN J, GROTHUES D, et al. Simultaneous on-line DNA sequencing on both strands with two fluorescent dyes[J]. Anal. Biochem. , 1995, 224: 117~121.

[130] PANCHUK-VOLOSHINA N, HAUGLAND R P, BISHOP-STEWART J, et al. Alexa dyes, a series of new fluorescent dyes that yield exceptionally bright, photostable conjugates [J]. J. Histochem. Cytochem. , 1999, 47: 1179~1188.

[131] TREIBS A, KREUZER F H. Difluoroboryl complexes of di- and tripyrrylmethenes[J]. Liebigs Ann. Chem. , 1968, 718: 208~223.

[132] RICHARD P H, HEE C K. Dipyrrometheneboron Difluoride Dyes: US, 4774339[P]. 1988.

[133] RICHARD P H, HEE C K. Long Wavelength Heteroaryl-Substituted Dipyrrometheneboron Difluoride Dyes: US, 5248782[P]. 1993.

[134] YU J, PARKER D, PAL R, et al. A europium complex that selectively stains nucleoli of cells [J]. J. Am. Chem. Soc. , 2006, 128: 2294~2299.

[135] CHAN W C, NIE S. Quantum dot bioconjugates for ultrasensitive nonisotopic detection[J]. Science, 1998, 281: 2016~2018.

[136] BRUCHEZ M Jr, MORONNE M, GIN P, et al. Semiconductor nanocrystals as fluorescent biological labels[J]. Science, 1998, 281: 2013~2016.

[137] HIGASHIJIMA T, FUCHIGAMI T, IMASAKA T, ISHIBASHI N. Determination of amino acids by capillary zone electrophoresis based on semiconductor laser fluorescence detection [J]. Anal. Chem. , 1992, 64: 711~714.

[138] WANG T, JIANG C. Spectrofluorimetric determination of lecithin using a tetracycline-europium probe[J]. Anal. Chim. Acta, 2006, 561: 204~209.

[139] BECKER A, HESSENIUS C, LICHA K, et al. Receptor-targeted optical imaging of tumors with near-infrared fluorescent ligands[J]. Nat. biotechnol. , 2001, 19: 327~331.

[140] LICHA K, HESSENIUS C, BECKER A, et al. Synthesis, characterization, and biological properties of cyanine-labeled somatostatin analogues as receptor-targeted fluorescent probes[J]. Bioconjugate Chem. , 2001, 12: 44~50.

[141] MOON W K, LIN Y, O'LOUGHLIN T, et al. Enhanced tumor detection using a folate receptor-targeted near-infrared fluorochrome conjugate[J]. Bioconjugate Chem. , 2003, 14: 539~545.

[142] CHEN X L, LI D H, YANG H H, et al. Study of tetra-substituted amino aluminum phthalocyanine as a new red-region substrate for the fluorometric determination of peroxidase and hydrogen peroxide[J]. Anal. Chim. Acta, 2001, 434: 51~58.

[143] 陈小兰，李东辉，许金钩. 四胺基铝酞菁作为过氧化物酶模拟酶新型洪区荧光底物的研究[J]. 高等学校化学学报, 2001, 22: 1120, 1121.

[144] TSIKAS D, SANDMANN J, HOLZBERG D, et al. Determination of S-nitrosoglutathione in human and rat plasma by high-performance liquid chromatography with fluorescence and ultraviolet absorbance detection after precolumn derivatization with o-phthalaldehyde[J]. Anal. Biochem., 1999, 273: 32~40.

[145] JOURD'HEUIL D, GRAY L, GRISHAM M B. S-nitrosothiol formation in blood of lipopolysaccharide-treated Rats[J]. Biochem. Biophys. Res. Commun., 2000, 273: 22~26.

[146] COOK J A, KIM S Y, TEAGUE D, et al. Convenient colorimetric and fluorometric assays for S-nitrosothiols[J]. Anal. Biochem., 1996, 238: 150~158.

[147] WANG L L, YU S, YU M. Ultrasensitive and selective spectrofluorimetric determination of S-nitrosothiols by solid-phase extraction[J]. Spectrochimica Acta Part A, 2012, 98: 337~342.

[148] JOBGEN W J S, JOBGEN S C, LI H, et al. Analysis of nitrite and nitrate in biological samples using high-performance liquid chromatography[J]. J. Chromatogr. B, 2007, 851: 71~82.

[149] WANG X, ADAMS E, SCHEPDAEL A V. A fast and sensitive method for the determination of nitrite in human plasma by capillary electrophoresis with fluorescence detection[J]. Talanta, 2012, 97: 142~144.

[150] LI M L, WANG H, ZHANG X, ZHANG H S. Development of a new fluorescent probe: 1,3,5,7-tetramethyl-8-(4'-aminophenyl)-4, 4-difluoro-4-bora-3a, 4a-diaza-s-indacence for the determination of trace nitrite[J]. Spectrochimica Acta Part A, 2004, 60: 987~993.

[151] 李党生，张尧旺. 亚硝酸盐测定方法研究进展[J]. 黄河水利职业技术学院学报, 2005, 17: 50~52.

[152] PALMER R M J, FERRIGE A G, MONCADA S. Nitric oxide release accounts for the biological activity of endothelium-derived relaxing factor[J]. Nature, 1987, 327: 524~526.

[153] KILSA K, MACPHERSON A N, GILLBRO T, MARTENSSON J. Control of electron transfer in supramolecular systems[J]. Spectrochimica Acta Part A, 2001, 57(11): 2213~2227.

[154] VANDANA S, SUSTMANN R, RAUEN U, STÖHR C. FNOCT as a fluorescent probe for in vivo localization of nitric oxide distribution in tobacco roots[J]. Plant Phys. Biochem., 2012, 59: 80~89.

[155] LEIKERT J F, RATHEL T R, MULLER C, et al. Reliable in vitro measurement of nitric oxide released from endothelial cells using low concentrations of the fuorescent probe 4, 5-diaminofluorescein[J]. FEBS Lett., 2001, 506: 131~134.

[156] FURCHGOTT R F, ZAWADZKI J V. The obligatory role of the endothelium in the relaxation of arterial smooth muscle by acetylcholine[J]. Nature, 1980, 288: 373~376.

[157] FURCHGOTT R F. Role of endothelium in response of vascular smooth muscle[J]. Circulation, 1983, 53: 557~573.

[158] IGNARRO L J, RICHARD G, WOOD K S, KADOWITZ P J. Activation of purified soluble guanylate cyclase by endothelium-derived relaxing factor from intrapulmonary artery and vein: stimulation by acetylcholine, bradykinin and arachidonic acid[J]. Journal of Pharmacology and Experimental Therapeutics, 1986, 237(3): 893~900.

[159] IGNARRO L I, BUGA G M, WOOD K S, CHAUDHURI G. Enthothelium-derived relaxing factor produced and released from artery and vein is nitric oxide[J]. Proc. Natl. Acad. Sci. , 1987, 84: 9265~9269.

[160] FURCHGOTT R F, KHAN M T, JOTHANANDAN D. Comparison of endothelium-dependent relaxation and nitric-oxide-induced relaxation in rabbit aorta[J]. Fed. Proc. , 1987, 46: 385~393.

[161] KOSHLAND D E. The molecule of the year[J]. Science, 1992, 258: 1861.

[162] 高峰, 马新亮. 一氧化氮发现的故事及启示[J]. 生理科学进展, 1999, 30(2): 184~187.

[163] 张艳艳, 章文华, 薛丽, 傅向荣. 一氧化氮在植物生长发育和抗逆过程中的作用研究进展[J]. 西北植物学报, 2012, 32(4): 197~204.

[164] 李国君, 吴德生. 中枢神经系统中一氧化氮和一氧化氮合酶研究进展[J]. 国外医学卫生学分册, 1999, 26(2): 65~118.

[165] 李世琴, 安文汀, 李荣霞, 等. 生物荧光成像用分子与纳米探针[J]. 影像技术, 2011, 6: 33~37.

[166] 王坤, 王瑞. 一氧化氮在呼吸系统疾病中作用的研究进展[J]. 中国职业医学, 2008, 35(5): 424~426.

[167] 刘浩, 朱晓菊, 李恭才. 一氧化氮与消化系统的功能和疾病[J]. 陕西医学杂志, 1997, 26(11): 676~678.

[168] 赵二劳, 李满秀, 赵丽婷. 荧光光度法测定亚硝酸根的研究进展[J]. 冶金分析, 2007, 27: 28~33.